Gisa Löwe & Olof Löwe

Vergiftungen bei Hund und Katze

Ein tierärztlicher Ratgeber

Ursachen • Symptome • Erste Hilfe

Kynos Verlag

Konrad-Zuse-Straße 3 • D-54552 Nerdlen/Daun
Telefon: +49 (0) 6592 957389-0
www.kynos-verlag.de

Bildnachweis: S. 201

Gedruckt in Lettland

2. Auflage 2021

ISBN 978-3-95464-269-4

Hinweis an die Leser

Aus Gründen der Lesbarkeit wurde im gesamten Text für die Berufsbezeichnung „Tierarzt" sowohl im Singular als auch im Plural und bei Personengruppen wie „Tierbesitzer" einheitlich die männliche Form verwendet. Selbstverständlich sind die Angehörigen beider Geschlechter gemeint.

Die tiermedizinische Wissenschaft und mit ihr auch Behandlungsrichtlinien und Medikamente sind einer ständigen Entwicklung unterworfen und können irgendwann nicht mehr aktuell sein.

Auch Internetadressen sind teilweise einem schnellen Wechsel unterworfen, sodass eventuell nicht immer alle angegebenen Seiten aktuell sind.

Inhaltsverzeichnis

Teil 2 Quellen von Vergiftungen 23

Vorwort

Der Wissensstand zu Vergiftungen bei Hunden und Katzen hat sich in den letzten Jahren stetig verbessert.
Dennoch gibt es bisher für Deutschland keinen speziellen Informationsdienst für Vergiftungen bei Kleintieren. Die im deutschsprachigen Raum Deutschland, Österreich und der Schweiz vorhandenen Giftnotrufzentralen sind für den Menschen entwickelt worden. Die speziellen Belange bei Hunden und Katzen finden keine Berücksichtigung.
In den USA und Großbritannien sind spezielle Giftnotrufzentralen für Kleintiere seit längerer Zeit etabliert. In den USA ist das Amerikanische Kontrollzentrum für Vergiftungen bei Tieren APCC (Animal Poison Control Center) seit 1995 in die amerikanische Tierschutzorganisation ASPCA (American Society for the Prevention of Cruelty to Animals) integriert und in Großbritannien existiert eine kostenpflichtige Giftnotrufzentrale für Tiere „VPIS" (Veterinary Poisons Information Service) seit 1992. Der Service VPIS ist Teil des ESMS (Emergency Scientific and Medical Services – Wissenschaftliche und medizinische Notfalldienste) und wird unterstützt durch den britischen Verband für Kleintiermedizin BSAVA (British Small Animal Veterinary Association).
An der Universität Zürich bietet das Institut für Veterinärpharmakologie und -toxikologie in begrenztem Umfang einen telefonischen toxikologischen Dienst an. Von großer Bedeutung sind die durch das gleiche Institut etablierten und gepflegten „CliniPharm/Clinitox-Datenbanken". Dabei handelt es sich um computerunterstützte Informationssysteme für die Pharmakotherapie und klinische Toxikologie in der Veterinärmedizin.
Dieses Buch soll Tierbesitzer bei dem Verdacht einer Vergiftung ihres Hundes oder ihrer Katze in ihrem weiteren Vorgehen unterstützen. Im Vordergrund stehen die Fragen, ob eine Vergiftung überhaupt wahrscheinlich ist und was die nächsten Maßnahmen sein sollten.
Der erste Kontakt zu einem Tierarzt erfolgt in einem solchen Fall in der Regel telefonisch.

Für Tierärzte kann der Inhalt des Buches bei der Bewertung und Beantwortung der Fragen von Tierbesitzern im Zusammenhang mit einer möglichen Vergiftung ihres Tieres hilfreich sein. Der Inhalt des Buches trägt zur Identifikation des Giftes, zur Beurteilung des Risikos und des zu erwartenden Verlaufes bei. Mittels Checkliste können wichtige Daten strukturiert erfasst und geeignetes Untersuchungsmaterial sichergestellt werden.
Andererseits kann bei der Aufnahme einer mit Sicherheit nicht toxischen Dosis bereits am Telefon entschieden werden, dass weitere diagnostische und therapeutische Maßnahmen nicht notwendig sind.

Einführung und Benutzungshinweise zum Inhalt

Bei der Beschreibung toxischer Stoffe handelt es sich um im allgemeinen Lebensumfeld unserer Hunde und Katzen vorkommende, potenziell giftige Substanzen und Pflanzen. Das betrifft:

- Medikamente der Human- und Veterinärmedizin
- Lebensmittel
- Haushaltsmittel
- Insektizide
- Giftköder
- Pflanzen im Freiland und im Haushalt sowie Algen
- giftige Tiere
- Düngemittel

Die Auswahl erfolgte in der Reihenfolge der Bedeutung dieser Vergiftungsquellen, basierend auf den Angaben der APCC von 2018.

Bei Pflanzen als Vergiftungsquellen wurde eine alphabetische Reihenfolge gewählt.
Es wurden nur stark giftige (++) und sehr stark giftige (+++) Stoffe und Pflanzen in die Beschreibung aufgenommen.
Die Informationen zu den möglichen Intoxikationen im Einzelnen sind nach einer kurzen allgemeinen Beschreibung des Giftes gegliedert in:

- Wirkungsmechanismus
- Toxisches Prinzip
- Symptome einer Intoxikation
- Therapeutische Prinzipien
- Prognose
- Quellen

Für die Bezeichnung der Stoffe und Pflanzen wurden die gängigen Bezeichnungen oder Markennamen gewählt. Teilweise wurden lateinische Bezeichnungen (Pflanzen, Algen, Tiere) sowie weitere Bezeichnungen in Klammern hinzugefügt.
Eine komplette Auflistung sämtlicher Markennamen und Angaben zu der exakten chemischen Zusammensetzung erfolgte nicht.
Auf tierartspezifische Besonderheiten bei Hunden und Katzen wurde jeweils hingewiesen.
Spezielle therapeutische Maßnahmen, zu verwendende Medikamente und die Dosierungen sind nicht Gegenstand des Buchs. Diese können nur abhängig von der konkreten Situation bei dem Patienten durch den behandelnden Tierarzt festgelegt werden.

Deshalb sollen und können die zusammengestellten Informationen nicht davon abhalten, bei einem Vergiftungsverdacht so schnell wie möglich professionelle tiermedizinische Hilfe in Anspruch zu nehmen.

Abschließend finden Sie eine Auflistung der Giftnotrufzentralen im deutschsprachigen Raum.
Eine Checkliste am Ende des Buches soll es Tierbesitzern und Tierärzten erleichtern, in einer besorgniserregenden Situation die für eine optimale Therapie notwendigen Daten schnell und vollständig zu erfassen.
Mit Hilfe des Index können gesuchte Gifte schnell gefunden werden.

Teil 1

Symptome, Erste Hilfe und therapeutische Prinzipien

1.1 Allgemeine Symptome von Vergiftungen

Die verschiedensten Stoffe können zu Vergiftungen bei Hunden und Katzen führen. Manche schädigen vorrangig den Magen-Darm-Trakt, die Nieren, das Blut, das zentrale Nervensystem oder spezielle Stoffwechselprozesse. Dementsprechend vielfältig können die mit einer Vergiftung einhergehenden Symptome sein.

Hinweise auf eine Vergiftung können sein:

- Rötung oder andere Auffälligkeiten an der Maulschleimhaut
- veränderter Geruch des Tieres oder dessen Atemluft
- Speichelfluss
- Erbrechen
- Durchfall
- Atemnot
- Hyperaktivität
- Muskelzittern
- Krämpfe
- Müdigkeit
- Schock
- Koma

1.2 Erste Hilfe bei Verdacht auf Vergiftung

- Bringen Sie Ihr Tier aus der Gefahrenzone.
- Entfernen Sie sichtbare Giftstoffe, jedoch ohne sich selbst zu gefährden.
- Spülen oder wischen Sie die Maulhöhle aus. Aber Achtung – Ihr Tier muss ansprechbar sein, damit Sie sicher sein können, dass die Schutzreflexe (Schluckreflex) funktionieren.
- Heben Sie das Etikett auf, falls Ihr Tier den Inhalt einer Verpackung gefressen hat.
- Bei Hautkontakt eines Giftes waschen oder besser duschen Sie Ihr Tier sehr ausgiebig, mindestens 15 Minuten lang. Falls Sie Ihr Tier in einer Wanne reinigen, nehmen Sie immer wieder frisches Wasser. Tragen Sie selbst Handschuhe.
- Spülen Sie die Augen des Tieres bei einem Giftkontakt mindestens 15 Minuten mit lauwarmem Wasser.
- Bei Erbrechen achten Sie darauf, dass die Maulspitze der tiefste Punkt des Tieres ist. Tiere, die bei Bewusstsein sind, nehmen diese Position von allein ein. Bei nicht voll bewegungsfähigen Tieren müssen Sie Ihr Tier unterstützen. Heben Sie dazu Ihr Tier an Bauch und Becken an, sodass der erbrochene Mageninhalt abfließen kann und nicht in die Atemwege gelangt.
- Reinigen Sie danach die Maulhöhle mit einem Papiertuch oder Ähnlichem. Achten Sie darauf, dass der Rachen frei ist. Schieben Sie keine Futterbrocken nach hinten.
- Flößen Sie nichts ein!
- Versuchen Sie nicht, selbst Erbrechen bei Ihrem Tier auszulösen.

Sofern möglich und ohne sich selbst zu gefährden, denken Sie bei dem Verdacht einer Vergiftung an folgendes:

- Nehmen Sie, falls möglich und ohne sich selbst zu gefährden, das vermutete Gift und / oder die Verpackung, das Etikett sowie den Beipackzettel mit zum Tierarzt.

- Notieren Sie sich, wann Ihr Tier das Gift aufgenommen hat, welche (geschätzte) Menge und auf welche Weise (gefressen, eingeatmet, über die Haut) es das Gift aufgenommen hat.

- Befinden sich giftige Pflanzen im Haushalt, im Garten oder gab es einen eindeutigen Kontakt anlässlich eines Spazierganges?

- Wurden im Haushalt oder in dem für das Tier sonst zugänglichen Bereich Insektengifte, Pflanzengifte oder Rattenköder verwendet?

- Bekommt das Tier derzeit Medikamente, wenn ja, welche?

Siehe auch „Checkliste für die Anmeldung beim Tierarzt" auf S. 193

1.3 Therapeutische Prinzipien unter tiermedizinischer Kontrolle

Bei allen Vergiftungen sind immer die gleichen Maßnahmen notwendig.
Das betrifft die Entfernung des Giftes aus dem Körper oder von der Körperoberfläche **(Dekontamination)** und die Sicherung der lebenswichtigen Funktionen **(Sicherung der Vitalfunktionen)** des Körpers.
Beide immer notwendigen Maßnahmen erfolgen auf verschiedene Art und Weise, abhängig von der Art des Giftes und dessen prinzipieller Wirkung, dem Grad der Vergiftung und dem Zeitpunkt, wann die Behandlung nach einer Vergiftung einsetzt.
Teilweise steht zur Therapie einer Vergiftung ein spezielles Gegenmittel **(Antidot)** zur Verfügung.
Neben der Dekontamination, der Sicherung der Vitalfunktionen und dem möglichen Einsatz eines Antidots sind meist zusätzliche, spezielle Maßnahmen zur Therapie und Linderung der Beschwerden notwendig.

1.3.1 Dekontamination

Reinigen (Scheren) des Felles

Sofern notwendig, werden die als Erste Hilfe begonnenen Maßnahmen zur Dekontamination fortgesetzt.

Auslösen von Erbrechen

Liegt die orale Aufnahme (Aufnahme über das Maul) nicht länger als zwei bis drei Stunden zurück, der Patient ist ansprechbar und die Schutzreflexe funktionieren, kann Erbrechen durch die Injektion eines entsprechenden Mittels ausgelöst bzw. kann am narkotisierten Tier eine Magenspülung vorgenommen werden.

Bei einer Vergiftung mit organischem Lösungsmittel oder stark ätzenden Stoffen (Säuren, Laugen) sollten Erbrechen oder Magenspülungen jedoch unterbleiben, sondern lediglich eine möglichst starke Verdünnung mit Wasser angestrebt werden.

Adsorbieren der Giftstoffe mittels Aktivkohle

Zur Verringerung der Aufnahme von Giftstoffen im Magen-Darm-Trakt kann bei wachen Patienten eine Suspension einer medizinischen Aktivkohle (1 – 2 g/kg Körpermasse) gegeben werden.
Für die Suspension mit Wasser sollten ca. 10 ml/g Aktivkohle verwendet werden. Die Gabe kann nach einigen Stunden wiederholt werden.
Aktivkohle ist ein medizinisches Produkt, das spezielle Anforderungen erfüllen muss. Sie ist in Apotheken erhältlich. Es gibt auch gebrauchsfertige Zubereitungen.

Keinesfalls sollten Milch oder sonstige Stoffe eingegeben werden!

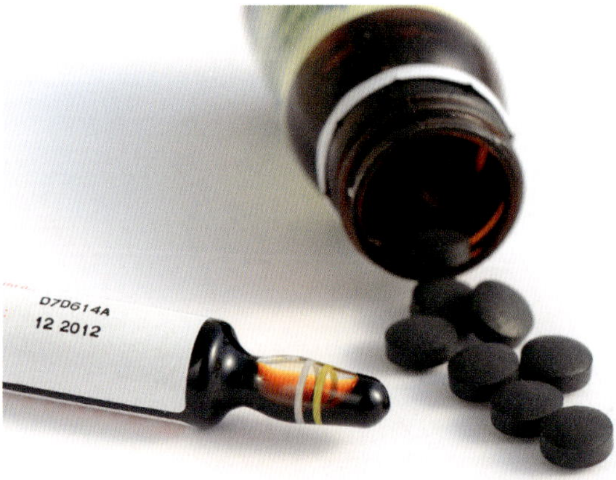

Aktivkohle bindet eine große Zahl von Giftstoffen.

- Aktivkohle ist das Mittel der Wahl.
- Adsorptionsfläche beträgt 1000–2000 m^2 pro Gramm
- bindet große Zahl von Giftstoffen (unwirksam bei Ethanol/Methanol/Ethylenglykol, Schwermetallen, organischen Lösungsmitteln, starken Säuren/Laugen) 1.3
- zusätzlich Laxantien (Abführmittel Darm) 20–30 g = 2 Esslöffel Glaubersalz = Natriumsulfat

Vorteile:

- nahezu von jedem einsetzbar
- gute Wirksamkeit
- risikoarm
- wiederholbar
- wirksam wie Magenspülung oder induziertes Erbrechen

In der Regel sollte die Eingabe jedoch durch einen Tierarzt erfolgen, da spezielle Kenntnisse notwendig sind, um bei Hunden und Katzen sicher auszuschließen, dass die Eingabe der Suspension nicht versehentlich teilweise in die Atemwege erfolgt.

Abführmittel

Die Darmpassage kann durch abführende Mittel beschleunigt werden.
Glaubersalz (Natriumsulfatdecahydrat) kann sowohl beim Hund als auch bei der Katze Anwendung finden.
Die Dosierung bei Hund und Katze beträgt 0,5 bis 1 g/kg KM in einer 3- maximal 4%igen Lösung.
Die Eingabe sollte durch einen Tierarzt erfolgen. Teilweise ist eine Magensonde notwendig. Der Wasserhaushalt ist zu überwachen und gegebenenfalls einem zu starken Flüssigkeitsverlust vorzubeugen.

Förderung der Harnausscheidung

Der Tierarzt wird bei Stoffen, die über die Nieren ausgeschieden werden, eine sogenannte forcierte Diurese einleiten, das heißt spezielle Medikamente injizieren, die die Harnbildung fördern und eine Dauertropfinfusion anlegen.
Gegebenenfalls wird der pH-Wert des Harnes durch die intravenöse Gabe spezieller Medikamente entweder erhöht bzw. erniedrigt, um bestimmte Ionen zu binden.

1.3.2 Spezielle therapeutische Maßnahmen

Zu den speziellen therapeutischen Maßnahmen zählen in erster Linie die Gabe von Gegenmitteln (Antidote), die die toxische Wirkung aufheben oder unterbinden.

Antidottherapie

Dekorporierungsantidote:*

- gehen mit Giftstoff oder Metaboliten eine chemische Bindung ein
- Entstehung eines Komplexes mit stark verminderter Toxizität
- Chelatbildner
- MetHb-Bildner (4-Dimethylaminophenol)

* Dekorporierung = Entfernung von in den Organismus aufgenommenen schädlichen Stoffen

Funktionelle Antidote:

- Substanzen, die die Wirkung des Giftstoffes hemmen (Rezeptorblockade, Verhinderung der Bioaktivierung
- Vitamin K
- Ethanol bei Methanolvergiftung
- Naloxon bei Opiaten
- Atropin bei Organophosphaten

Leider gibt es für die wenigsten Gifte spezielle Antidote, sodass der **symptomatischen Therapie** die größte Bedeutung zukommt.

Quelle

Heß C. Klinische Toxikologie – Symptomatik und Therapie von Intoxikationen. Universitätsklinikum Bonn, Institut für Rechtsmedizin. https://www.rechtsmedizin.uni-bonn.de/studium/archiv/lebensmittelchemie_chemie_pharmazie/dateien_ws/Klinische_Toxikologie.pdf aufgerufen am 08.07.2021.

1.3.3 Symptomatische Therapie – Sicherung der Vitalfunktionen

Zu den Vitalfunktionen zählen

- die Herz-Kreislauf-Funktion
- die Lungenfunktion
- die Hirnfunktion (Bewusstsein)
- die Nierenfunktionen
- der Wasser-Elektrolythaushalt und der Säure-Basenhaushalt

Weitere wichtige Funktionen, die bei kritisch Kranken überwacht und stabilisiert werden müssen, sind

- der Wärmehaushalt
- der Stoffwechsel
- das Hormonsystem
- das Immunsystem

Kreislauf

Die Stabilisierung des Kreislaufes gehört zu den wichtigsten initialen Maßnahmen.
Bei Intoxikationen wird immer ein venöser Zugang gelegt, über den eine bedarfsgerechte Flüssigkeitsgabe erfolgen kann. Insbesondere bei Erbrechen oder Durchfällen ist die Flüssigkeitssubstitution dringend erforderlich, um stabile Kreislaufverhältnisse zu erzielen.
Über diesen Weg werden auch die meisten notwendigen Medikamente, Bluttransfusionen bei einem Mangel an roten Blutkörperchen oder Blutplasma bei bestimmten Gerinnungsstörungen gegeben.
Die Bekämpfung eines allergischen Schocks sowie initial gefährlicher Herzrhythmusstörungen sind zur Stabilisierung des Herz-Kreislauf-Systems zwingend notwendig.

Atmung

Das Freihalten der Atemwege ist oberstes Gebot und gehört schon zu den Erste-Hilfe-Maßnahmen. Hinzu kommen bei Bedarf eine zusätzliche Sauerstoffgabe bis hin zur Intubation und Beatmung sowie die Bekämpfung eines Lungenödems.

Nervensystem

Zur Beruhigung und zum Lösen von Krämpfen stehen verschiedene Medikamente zur Verfügung, die je nach Ausgangssituation und Wirkung beim Patienten eingesetzt werden.
Die medikamentöse Bekämpfung eines Hirnödems ist insbesondere in einem frühen Stadium erfolgversprechend.

Nierenfunktion

Eine Störung der Nierenfunktion oder ein Nierenversagen infolge von Vergiftungen ist eine schwerwiegende, oft tödlich verlaufende Komplikation, da in der Tiermedizin Blutwäschen durch eine Dialyse nur sehr eingeschränkt möglich sind.
Dennoch ist eine Therapie nicht aussichtslos.

Weitere Maßnahmen

Die Stabilisierung der Körpertemperatur, die Bekämpfung von Stoffwechselstörungen, die antibiotische Abschirmung, der Schutz der Magenschleimhaut, Schmerzmedikation, die Gabe von Antiemetika (gegen Erbrechen wirkend) und eine Leberschutztherapie sind weitere Maßnahmen der komplexen symptomatischen Therapie von Intoxikationen.
Bei fettlöslichen Toxinen wie z. B. Permethrin, Ivermectin, Moxidectin und bei bestimmten Mykotoxinen (Schimmelpilzgifte) werden als Allgemeinmaßnahmen die intravenöse Gabe von Lipid-(Fett) Emulsionen empfohlen.
Man nimmt an, dass diese Emulsionen die Toxine teilweise binden und deren schädigende Wirkung durch einen Transport der Toxine von den üblichen Angriffspunkten weg mindern.

Quelle

Schmidt MJ. Relevanz der Antidotgabe für das notärztliche präklinische Management von Vergiftungen unter Berücksichtigung der Bremer Liste – eine Analyse von 633 Fällen. Dissertation, Georg-August-Universität Göttingen 2016.

Teil 2

Quellen von Vergiftungen

Viele Tierbesitzer vermuten bei einer unklaren Erkrankung ihres Tieres zunächst eine Vergiftung. Zum Glück sind Vergiftungen ein relativ seltenes Ereignis und bei den meisten Erkrankungen ergeben sich andere, gut therapierbare Ursachen.
Dennoch können Vergiftungen sehr gefährlich sein.
Das Amerikanische Kontrollzentrum für Vergiftungen bei Tieren APCC (Animal Poison Control Center) hat 2018 die 10 wichtigsten Quellen für Vergiftungen bei unseren Hunden und Katzen in einer Rangliste nach ihrer Häufigkeit als Vergiftungsursache veröffentlicht.

Danach sind die häufigsten Ursachen für Vergiftungen:

- **Frei verkäufliche Medikamente** machten **19,6 %** der Vergiftungsfälle aus. Es betraf insbesondere die Medikamente Ibuprofen, Naproxen, Erkältungsmedikamente und Kräutermischungen.

- **Verschreibungspflichtige Medikamente** für den Menschen waren zu **17,5 %** an Haustiervergiftungen beteiligt. Im Vordergrund standen ADHS-Medikamente, Antidepressiva und Herzmedikamente.

- **Lebensmittel, die Xylitol** (Zuckeraustauschstoffe) enthalten wie Süßigkeiten, Kaugummi, Backwaren, Zahnpasta und gängige Lebensmittel wie Trauben, Rosinen, Zwiebeln und Knoblauch verursachten **11,4 %** der Intoxikationen.

- **Schokolade** war für **10,1 %** der gemeldeten Intoxikationen verantwortlich.

- **Veterinärprodukte** machten **9,3 %** der Fälle aus.

- **Haushaltsmittel** wie Farben, Kleber, Reinigungsmittel waren für **7,3 %** der Fälle verantwortlich.

- **Rodentizide** (Ratten- und Mäuseköder) erreichten einen Anteil von **6,3 %**.

- **Insektizide** (Ameisenköder, Insektensprays und sonstige Gartenprodukte) waren für **6,2 %** der Fälle verantwortlich.

- **Pflanzen** waren an den Vergiftungen zu **5,5 %** beteiligt. Auch Blumensträuße können für unsere Haustiere potenziell gefährlich sein.

- **Düngemittel** waren zu **2,3 %** als Ursache von Vergiftungen auszumachen.

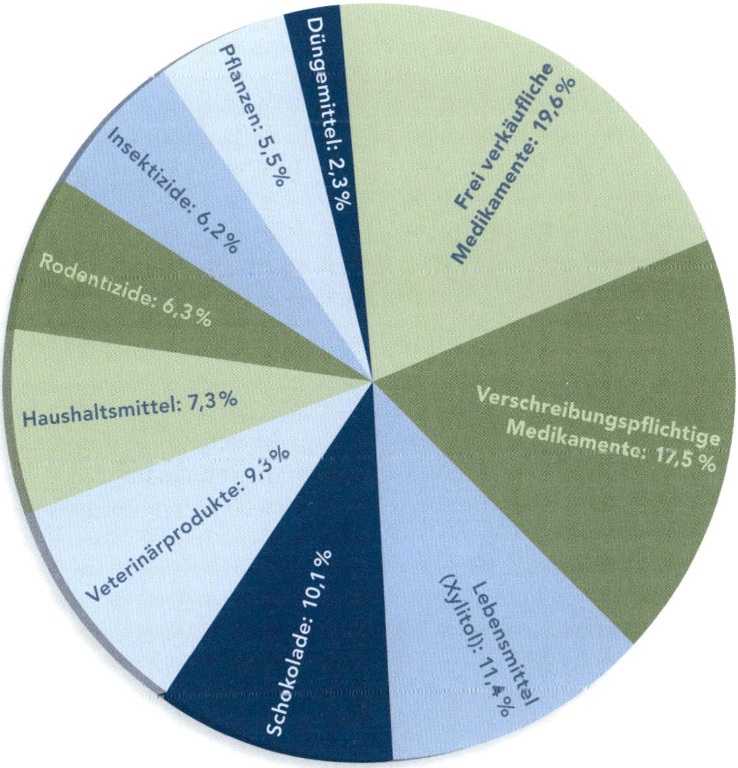

Quelle

ASPCA. This Just In: Announcing the Top 10 Toxins of 2018. https://www.aspca.org/news/just-announcing-top-10-toxins-2018 aufgerufen am 08.07.2021.

2.1 Frei verkäufliche Medikamente (Humanmedizin)

Die frei verkäuflichen Medikamente, gefolgt von den verschreibungspflichtigen Medikamenten für **Menschen**, führen die Statistik von Intoxikationen bei Hunden und Katzen an. Das zeigt, wie wichtig es ist, Medikamente auch für unsere Haustiere unzugänglich aufzubewahren.
Eine komplette Darstellung möglicher Intoxikationen durch Medikamente würde jedoch den Rahmen dieses Ratgebers sprengen. Bei dem Verdacht einer Intoxikation unserer Hunde oder Katzen mit für den Menschen bestimmten Medikamenten wird auf die unten aufgeführten Gift-Notrufzentralen verwiesen und die Tiere sollten so schnell wie möglich einem Tierarzt vorgestellt werden. Einige wesentliche sollen jedoch hier aufgeführt werden.
Schmerzmittel sowie **entzündungshemmend** und **fiebersenkend** wirkende Mittel wie Aspirin®, Paracetamol, Ibuprofen oder Diclofenac sind nahezu in jedem Haushalt vorhanden. Häufig als Kombinationspräparate und unter Zusatz von Koffein.
Wirkprinzip der Entzündungshemmer ist eine verminderte Bildung von Stoffen im Körper (Prostaglandine), die die Entzündung vermitteln.

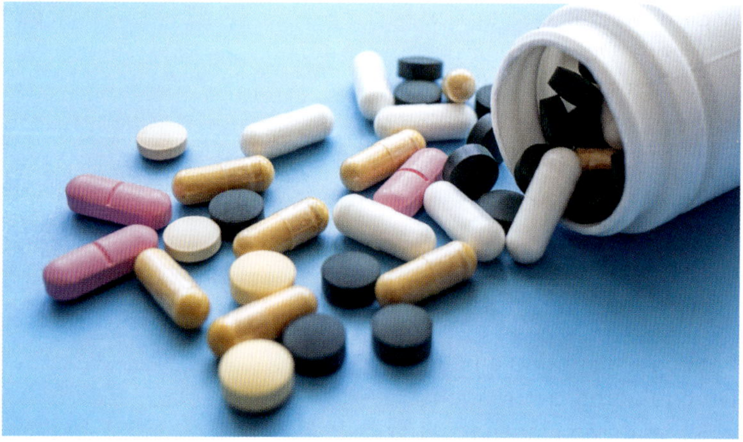

Symptome

Entzündungshemmer führen zu lokalen Reizungen am Magen-Darm-Trakt, in deren Folge es zu Appetitlosigkeit, Erbrechen, Durchfall und Magengeschwüren bis hin zur Perforation der Magengeschwüre kommen kann.
Da gleichzeitig die Blutgerinnung gehemmt wird, erhöht sich die Blutungsneigung im Magen-Darm-Trakt. Die Folge sind blutiges Erbrechen (Hämatemesis) und blutiger Kot (Meläna). Manche Hunderassen sind besonders empfindlich.
Die Entzündungshemmung bedeutet gleichzeitig eine Reduzierung der lokalen Abwehr im Magen-Darm-Trakt.
Das Allgemeinverhalten der Tiere ist gestört.
Weitere mögliche unerwünschte Nebenwirkungen sind Schädigung der Nieren und des Knochenmarkes.
Bei entsprechenden Vorerkrankungen ist die Gefahr toxischer Wirkungen besonders groß.

2.1.1 Aspirin® (Acetylsalicylsäure)

Wirkungsmechanismus

Aspirin® wirkt in kleinen Dosen bereits gerinnungshemmend und in höherer Dosierung infolge der Hemmung der Bildung von Entzündungsvermittlern (Prostaglandinen) schmerzstillend, fiebersenkend und entzündungshemmend.
Die gerinnungshemmende Wirkung wird teilweise bei Katzen genutzt.

Toxisches Prinzip

Prostaglandine sind an der Regulation der Magensäure und der Durchblutung der Magenschleimhaut beteiligt, sodass es bei einer längeren Einnahme oder bei einer ungewollten übermäßi-

gen Aufnahme von Aspirin® zu Schäden an der Magenschleimhaut wie entzündlichen Reizungen, Blutungen oder zu lokalen Geschwüren kommen kann.
Eine gleichzeitige Einnahme von Glukokortikoiden erhöht das Risiko von Blutungen und Geschwüren am Magen-Darm-Trakt.
Beim Hund wirkt Aspirin® in hohen Dosen stimulierend auf das Atemzentrum und kann dadurch das innere Milieu des Säuren- und Basenhaushaltes negativ beeinflussen.
Auch über die Haut wird Aspirin® in Salben nahezu vollständig aufgenommen.
Katzen reagieren deutlich empfindlicher. Durch eine Genveränderung sind Katzen aller Rassen kaum in der Lage, Salicylsäure, die unmittelbar nach Aufnahme von Aspirin® entsteht, in einen über die Nieren ausscheidbaren Stoff umzuwandeln.
Infolge dieser speziellen Situation bei Katzen dauert die Elimination aus dem Körper bei Katzen circa fünfmal länger als bei Hunden. Bei Hunden kann man von einer Halbwertszeit von acht Stunden ausgehen. Bei Katzen beträgt sie ungefähr 40 Stunden. Das ist auch der Grund dafür, warum die therapeutische Gabe von Aspirin® bei Hunden zweimal täglich erfolgt, während sie bei Katzen nur einmal täglich erfolgen darf.

Symptome einer Intoxikation

Die ersten Symptome, insbesondere Erbrechen, treten bereits vier bis sechs Stunden nach einer Intoxikation auf.
Junge Hunde sind empfindlicher als erwachsene Tiere, da bei ihnen, ähnlich wie bei Katzen, die Umwandlungsmechanismen eingeschränkt sind.
Charakteristisch ist die Entwicklung einer Übersäuerung des Körpers (metabolische Azidose), die mit Atemlähmung und Bewusstlosigkeit einhergehen kann.
Bei Katzen ist bei einer Aspirin®-Vergiftung weiterhin mit Nieren- und Leberschäden zu rechnen. Auch Auswirkungen auf das Gehirn sind möglich.

Die minimale toxische Dosis beträgt beim Hund für die orale Aufnahme 50 mg/kg Körpermasse 3 x täglich, für die Katze 25 mg/kg Körpermasse 2 x täglich.
Die mittlere letale/tödliche Dosis LD50 (50 % der Tiere sterben ohne Behandlung) beträgt bei Hunden 700 mg/kg Körpermasse.

Zusammengefasst sind die Symptome einer Intoxikation allgemein:

- Apathie
- Depression
- Appetitlosigkeit

den Magen-Darm-Trakt und die Leber betreffend:

- Erbrechen, teils blutig
- Blutarmut (Anämie) infolge des Blutverlustes über den Magen-Darm-Trakt
- Durchfall, teils blutig
- Gelbfärbung der Haut (Ikterus) bei Leberschädigung

die Hirnfunktion betreffend:

- Gleichgewichtsstörungen (Ataxie)
- Tremor
- generalisierte Krämpfe oder Muskelschwäche

die Lungenfunktion und das Herz-Kreislauf-System betreffend:

- Erhöhung der Atemfrequenz
- Erhöhung der Herzfrequenz
- Untertemperatur
- Koma
- Schock

Therapeutische Prinzipien

Die therapeutischen Prinzipien folgen den eingangs beschriebenen Maßnahmen. Die **Dekontamination** erfolgt mittels

- Auslösen von Erbrechen
- Magenspülung
- Eingabe von Aktivkohle
- Darmspülung
- Anregung der Harnbildung (forcierte Diurese)

Als **Antidot** steht für Hunde ein synthetisch hergestelltes Prostaglandin (Misoprostol) zur Verfügung.
Durch eine wiederholte Gabe dieses Präparates kann bei Hunden der toxischen Wirkung der Entzündungshemmer entgegengewirkt werden.
Darüber hinaus ist die **Therapie** bei Hunden symptomatisch.
Für Katzen steht kein Antidot zur Verfügung, sodass hier ausschließlich symptomatisch therapiert werden kann.
Die Schwerpunkte der symptomatischen Therapie sind die Überwachung und Stabilisierung der **Vitalfunktionen**

- Kreislauf
- Atmung
- Wasser-Elektrolythaushalt und Säuren-Basenhaushalt

Die weitere symptomatische Therapie hat zum Inhalt:

- Krämpfe beheben
- Körpertemperatur optimieren
- Schutz der Magenschleimhaut
- Bekämpfung des Erbrechens
- Ausgleich des Blutverlustes bei kritischer Anämie

Prognose

Bei sorgfältiger Überwachung und entsprechender Therapie ist die Prognose gut.

Quellen

https://www.chemie.de/ aufgerufen am 08.07.2021

O'Malley GF. Vergiftungen mit Acetylsalicylsäure und anderen Salicylaten. MSD Manual Ausgabe für medizinische Fachkreise https://www.msdmanuals.com/de-de/profi/verletzungen,-vergiftungen/vergiftung/vergiftungen-mit-acetylsalicyls%C3%A4ure-und-anderen-salicylaten aufgerufen am 08.07.2021.

Artner J, Hofbauer H, Steffen P. Medikamente in der Schmerztherapie. Berlin: Springer; 2020.

Salicylate-Kleintier. CliniTox Institut für Veterinärpharmakologie und -toxikologie, Zürich, https://www.vetpharm.uzh.ch/clinitox/toxdb/klt_059.htm aufgerufen am 08.07.2021.

2.1.2 Paracetamol

Wirkungsmechanismus

Paracetamol wirkt schmerzstillend (analgetisch) und fiebersenkend (antipyretisch), jedoch nicht entzündungshemmend.
Der Wirkungsmechanismus für die schmerzstillende und fiebersenkende Wirkung ist nicht eindeutig geklärt. Die nachgewiesene Hemmung der Prostaglandinbildung im Gehirn wird für die Wirkung verantwortlich gemacht.
Auch die hemmende Wirkung des Effektes fieberauslösender Stoffe auf das Temperaturregulationszentrum im Gehirn trägt zur beobachteten Wirkung der Substanz bei.

Toxisches Prinzip

Überdosierungen und Intoxikationen überfordern die Entgiftungsfunktion der Leber und können durch die Anreicherung von toxischen Zwischenprodukten des Abbaus von Paracetamol ein Absterben (Nekrosen) der Leberzellen hervorrufen.

Die Latenzzeit (Zeit zwischen der Aufnahme eines Toxins und dem Auftreten erster Intoxikationszeichen) beträgt nur wenige Stunden.
Für Katzen wirkt Paracetamol schon in geringer Dosierung toxisch. Im Vordergrund steht auch hier der bereits genannte Gendefekt bei Katzen, der den üblichen Abbau erschwert bzw. unmöglich macht und daher sehr schnell zur Anreicherung der leberschädigenden Stoffe führt.
Das Gleiche gilt für Jungtiere, deren Enzymausstattung zum Abbau von Paracetamol noch unzureichend ist.
Weiterhin führt eine Paracetamolvergiftung zu einer Umwandlung des roten Blutfarbstoffes in eine für den Sauerstofftransport nicht geeignete Form (Methämoglobin).

Symptome einer Intoxikation

Erste Symptome einer akuten Paracetamolvergiftung sind

- Appetitlosigkeit
- Übelkeit
- Erbrechen
- Bauchschmerzen

Bei Katzen beträgt die minimale toxische Dosis bei oraler Aufnahme 10 mg/kg Körpermasse, für Hunde 50 mg/kg Körpermasse.
Erste Symptome treten nach 1–4 Stunden auf.

Therapeutische Prinzipien

Sofern damit zu rechnen ist, dass sich Paracetamol noch im Magen-Darm-Trakt befindet, sind die üblichen Maßnahmen zur **Dekontamination** angezeigt.
Erbrechen wird medikamentös ausgelöst oder es wird unter Allgemeinanästhesie eine Magenspülung durchgeführt. Die wiederholte Gabe von Aktivkohle ist immer angezeigt.
Bei Hunden steht Acetylcystein als **Antidot** zur Verfügung. Es wirkt unterstützend im Hinblick auf eine nichttoxische Metabolisierung des Paracetamols.
Bei der Katze ist der Einsatz dieses Mittels umstritten.
Die **symptomatische Therapie** dient der Überwachung und Stabilisierung der Vitalfunktionen.
Im Vordergrund steht der Wasser- und Elektrolythaushalt. Defizite müssen ausgeglichen werden.
Der Säure-Basenhaushalt gibt neben anderen labordiagnostischen Befunden Auskunft über die Sauerstofftransportkapazität des Blutes. Teilweise ist eine Bluttransfusion angezeigt.
Blutbild, „Leber"- und „Nierenwerte" zeigen das Ausmaß der aktuellen Intoxikation.
Die Therapie wird ergänzt durch die Gabe von Vitamin C.

Prognose

Bei rechtzeitiger Behandlung einer Paracetamolvergiftung ist die Prognose gut.
Prognostisch ungünstige Faktoren sind

- die Paracetamol-Aufnahme liegt mehr als 48 h zurück
- der pH-Wert im Blut ist deutlich erniedrigt
- die Nierenwerte (Blutwerte für Kreatinin und Harnstoff) sind deutlich erhöht
- die Leberwerte im Blut sind deutlich erhöht

- Leberkoma mit Störungen der Hirnfunktion (Desorientiertheit, Schläfrigkeit, verminderte Ansprechbarkeit)
- Unterzuckerung
- Mangel an Blutplättchen (Thrombozytopenie)
- Koma

Quellen

Paracetamol – Kleintier. CliniTox Institut für Veterinärpharmakologie und -toxikologie, Zürich, https://www.vetpharm.uzh.ch/clinitox/toxdb/KLT_026.htm aufgerufen am 08.07.2021.

Kaiser SE. Arzneitherapie bei Heimtieren. Stuttgart: Wissenschaftliche Verlagsgesellschaft, 2016.

Walsh K. Chronic pain management in dogs and cats. Practice. 2016; 38(4):155–165.

Nelson K. (2019). Paracetamol toxicity in dogs. The Veterinary Record. 2019; 184(19): 594.

Wanderburg S, Schmerztherapie bei Haustieren. DAZ.online www.deutsche-apotheker-zeitung.de/daz-az/2016/daz-25-2016/kein-paracetamol-fuer-hund-und-katz aufgerufen am 13.07.2021.

2.1.3 Ibuprofen und Diclofenac

Wirkungsmechanismus

Ibuprofen und Diclofenac zählen zu den nichtsteroidalen (nicht auf Glucocorticoidwirkung beruhenden) Entzündungshemmern. Nichtsteroidale Entzündungshemmer werden gekürzt als NSAIR (Non Steroidal Anti Inflammatory Drug) bezeichnet.
NSAIR hemmen die Synthese von Prostaglandinen, die für das Entzündungsgeschehen im Körper von wesentlicher Bedeutung sind.
Prostaglandine haben außerdem Einfluss auf die Schmerzweiterleitung und Schmerzwahrnehmung.
Auf diese Weise wirken sie entzündungshemmend (antiphlogistisch), schmerzlindernd (analgetisch) und fiebersenkend (antipyretisch).

Toxisches Prinzip

Die toxische Wirkung von NSAIR wurde schon beim Aspirin® beschrieben. Sie beruht in erster Linie lokal und systemisch (den gesamten Körper betreffend) auf dem Abfall der Prostaglandinsynthese.
Sie ist gekennzeichnet durch

- Reizung der Schleimhäute im Magen-Darm-Trakt
- Verlust der Schutzwirkung am Magen-Darm-Trakt (erhöhte Säureproduktion und reduzierte Schleimbildung bei Prostaglandinabfall)
- Blutungen im Magen-Darm-Trakt infolge der direkten Schädigung und infolge der Hemmung der Blutgerinnung
- Entwicklung einer metabolischen Azidose
- Nierenschädigung infolge einer Abnahme deren Durchblutung

Symptome einer Intoxikation

Fur Hunde und Katzen sind Ibuprofen und Diclofenac schon in geringer Dosierung toxisch.

Sie dürfen bei Hunden und Katzen nicht angewendet werden!

Beim Hund führen bereits 8 mg pro kg Körpermasse am Tag und bei der Katze eine einmalige Gabe von 50 mg/kg Körpermasse zu Vergiftungssymptomen.

Symptome einer Intoxikation mit Ibuprofen oder Diclofenac sind zunächst allgemeiner Natur wie

- Bewusstseinstrübung
- Benommenheit
- Unruhe

Danach stehen Symptome des Magen-Darm-Trakts im Vordergrund. Diese sind

- Bauchschmerzen
- Speicheln
- Erbrechen, teils blutig
- Durchfall, teils blutig
- Magengeschwüre

Im weiteren Verlauf kommt es zu zunehmenden Entgleisungen im inneren Milieu, Beeinträchtigung vitaler Funktionen und zu neurologischen Symptomen.

- flache Atmung
- Apathie bis Seitenlage
- Hyperthermie
- Stoffwechselübersäuerung
- Krampfanfälle
- Koma

Therapeutische Prinzipien

Die Einleitung einer Therapie sollte beim Hund bereits bei einer einmaligen Aufnahme von 10 mg/kg Körpergewicht erfolgen.
Ist das Vorhandensein einer vorbestehenden Niereninsuffizienz bekannt, sollte bereits bei einer einmaligen Aufnahme von 5 mg/kg Körpergewicht therapiert werden.
Prostaglandine fördern die Durchblutung der Nieren. Bei einer Senkung der Prostaglandinsynthese und der damit verbundenen Reduktion der Durchblutung der Nieren kann sich eine bereits bestehende Niereninsuffizienz verstärken.
Dekontamination: Bei der Aufnahme von Retard-Präparaten kann auch mehr als fünf Stunden nach Aufnahme die Dekontamination durch Erbrechen, Magenspülung und Darmspülung noch hilfreich sein. Die Gabe von Aktivkohle sollte mehrmals erfolgen.
Als **Antidot** wird bei Hunden Misoprostol, ein synthetisch hergestelltes Prostaglandin, eingesetzt. Misoprostol mindert die Säureproduktion des Magens.
Bei Katzen liegen kaum Erfahrungen zum Einsatz von Misoprostol vor, sodass die Anwendung nicht empfohlen werden kann.
Die **symptomatische Therapie** dient der Stabilisierung der vitalen Funktionen und der Behandlung von Beschwerden der Tiere wie Schmerzen, Erbrechen und Krämpfe.
Eine Dauertropfinfusion dient neben dem Ausgleich von Flüssigkeitsverlusten der Optimierung der Elektrolytkonzentrationen und des Säuren-Basenhaushaltes im Blut. Der Säure-Basenhaushalt ist nachhaltig gestört. Im fortgeschrittenen Stadium einer Intoxikation dominiert die Übersäuerung (metabolische Azidose). Die Flüssigkeitssubstitution unterstützt gleichzeitig die Herz-Kreiskauf- und Nierenfunktion.
Bei starkem Blutverlust kann eine Bluttransfusion lebensrettend sein.
Die Entwicklung eines Hirnödems stellt eine schwere Komplikation dar und ist potenziell lebensbedrohlich. Die Therapiemöglichkeiten sind eingeschränkt und beinhalten die Hochlagerung des Körpers, Osmotherapie, eine maximale Anregung der Harnausscheidung, die Gabe von speziellen Glukokortikoiden und von Beruhigungsmitteln.

Prognose

Die Prognose ist bei rechtzeitig einsetzender Therapie sehr gut. Bei weit fortgeschrittenen Intoxikationen mit bereits eingetretenen Nierenschäden ist sie eher vorsichtig zu stellen.

Quellen

Khan SA. Analgesics (Toxicity). MSD Manual Ausgabe für medizinische Fachkreise https://www.msdvetmanual.com/toxicology/toxicities-from-human-drugs/analgesics-toxicity aufgerufen am 08.07.2021.

Richardson JA. Management of acetaminophen and ibuprofen toxicoses in dogs and cats. Journal of Veterinary emergency and critical care. 2000; 10(4): 285–291.

Villar D, Buck WB, Gonzalez JM. Ibuprofen, aspirin and acetaminophen toxicosis and treatment in dogs and cats. Vet Hum Toxicol. 1998; Jun;40(3):156-62.

Dunayer E. Ibuprofen toxicosis in dogs, cats and ferrets. Veterinary Medicine – Bonner Springs then Edwardsville. 2004; 99(7): 580-586.

Marks SL, Kook PH, Papich MG, Tolbert MK, Willard MD. ACVIM consensus statement: Support for rational administration of gastrointestinal protectants to dogs and cats. J Vet Intern Med. 2018; Nov-Dec32(6): 1823–1840.

2.1.4 Erkältungsmedikamente

Erkältungsmedikamente haben ganz unterschiedliche Wirkstoffe und häufig auch Wirkstoffkombinationen.
Im Vordergrund stehen schmerzstillende, entzündungshemmende und fiebersenkende Medikamente, wie sie bereits beschrieben wurden.
Häufig enthalten diese Erkältungsmittel Koffein als Stimulans und Chlorphenaminmaleat als Antiallergikum. Mittel gegen Halsschmerzen enthalten häufig Lidocain zur Oberflächenanästhesie.

Koffein

Wirkungsmechanismus

Koffein wirkt bei niedriger Dosierung in erster Linie stimulierend auf das Gehirn, indem es die normalerweise durch Botenstoffe vermittelten Ermüdungszeichen verhindert.
Da Koffein auch den Abbau von Adrenalin, einem stark anregenden Hormon im Körper (Alarmhormon), bremst, hält dessen Wirkung länger an.
In höherer Dosierung werden Atmung und Herzfunktion angeregt. Bei zu großen Mengen an Koffein kommt es zu Intoxikationen mit gravierenden Folgen.

Toxisches Prinzip

Intoxikationen mit Koffein führen zu ventrikulären Tachykardien (Herzrasen), die in Kammerflattern ohne adäquate Herzauswurfleistung münden. Als Folge ergibt sich ein dramatischer Blutdruckabfall. Die Sauerstoffversorgung sämtlicher Organe ist inadäquat und führt zur metabolischen Azidose (einer Störung des Säure-Basenhaushaltes) sowie zu einem Multiorganversagen.

Symptome einer Intoxikation

- Unruhe
- gesteigerte Erregbarkeit
- vermehrter Harnabsatz
- Muskelkrämpfe
- Erhöhung der Herzfrequenz (Tachykardie)

Mit fortschreitender Intoxikation kommt es zu

- Muskelzittern (Tremor)
- Krampfanfällen
- Herzrhythmusstörungen

Bei Hunden können 140 mg Koffein/kg Körpermasse toxisch sein. Bei Katzen liegt dieser Wert zwischen 80 und 150 mg/kg Körpermasse.
Tabelle 1 enthält die Grenzwerte für verschiedene koffeinhaltige Medikamente oder Lebensmittel, bei denen es zu Vergiftungserscheinungen kommt.
Insbesondere koffeinhaltige Tabletten können für kleine Hunde und Katzen gefährlich werden.

Therapeutische Prinzipien

Ein **Antidot** gibt es nicht.
Die **Dekontamination** erfolgt durch Auslösen von Erbrechen oder Magenspülungen sowie durch die Gabe von Aktivkohle im 4-Stunden-Intervall.
Die **Therapie** ist in erster Linie symptomatisch.
Krämpfen kann durch entsprechende Beruhigungsmittel entgegengewirkt werden.
Bei ausgeprägten Rhythmusstörungen ist die wiederholte Gabe von Lidocain notwendig.
Bei sehr schweren Intoxikationen sollte Lidocain nach einer ersten Bolusgabe als Dauertropfinfusion gegeben werden, bis ein stabiler Herzrhythmus anhand eines EKG anhaltend nachgewiesen werden kann.
In Fällen mit schwerer Beeinträchtigung der Herzfunktion kann es zu einer lebensbedrohlichen Übersäuerung des Körpers (metabolische Azidose) kommen, die notfallmäßig zu therapieren ist.
Bei fortschreitender Herzinsuffizienz infolge gravierender Rhythmusstörungen sind alle Vitalfunktionen beeinträchtigt und bedürfen einer komplexen intensivmedizinischen Betreuung.

Tabelle 1: Toxische Grenzwerte von Koffein für Hunde und Katzen

(nach Angaben des American College of Veterinary Pharmacists, 2018)

Koffein Toxische Grenzwerte für Hunde						
	Sehr kleine Hunde: Yorkie, Chihuahua	**Kleine Hunde:** Mops, Boston Terrier, Pudel	**Mittelgroße Hunde:** Beagle, Scottish Terrier	**Große Hunde:** Boxer, Cocker Spaniel	**Sehr große Hunde:** Retriever, DSH	**Besonders große Hunde:** Deutsche Dogge, Bernhardiner
	0,45–4,6 kg	5–11,4 kg	1,8–18,2 kg	18,6–31,8 kg	32,3–40,9 kg	41,4–50 kg
Tabletten (200 mg Koffein)	> 0,3 Tabl.	> 3 Tabl.	> 8 Tabl.	> 13 Tabl.	> 22 Tabl.	> 28 Tabl.
Tee	> 85 g	> 1091 g	> 2594 g	> 4097 g	> 7116 g	> 9100 g
Kaffeebohnen	> 3 g	> 28 g	> 71 g	> 136 g	> 213 g	> 284 g
Regulärer Kaffee	> 85 g	> 1091 g	> 2594 g	> 4097 g	> 7116 g	> 9100 g
Cola-Getränke	> 227 g	> 2636 g	> 6237 g	> 9837 g	> 17081 g	> 22000 g

Koffein Toxische Grenzwerte für Katzen		
	Katzen	**Große Katzen**
	0,45–4,6 kg	5–11,4 kg
Tabletten (200 mg Koffein)	> 0,15 Tabletten	> 1,5 Tabletten
Tee	> 43 g	> 624 g
Kaffeebohnen	> 1,4 g	> 14 g
Regulärer Kaffee	> 43 g	> 1091 g
Entkoffeinierter Kaffee	> 1276 g	> 14175 g
Cola-Getränke	>126 g	> 1503 g

Prognose

Da schwere Intoxikationen selten sind und eigentlich nur bei reiner Koffeinaufnahme in Form von Pulver oder Tabletten zu erwarten sind, ist die Prognose im Allgemeinen sehr gut.

Quellen:

Caffeine. American College of Veterinary Pharmacists. https://vetmeds.org/pet-poison-control-list/caffeine/, aufgerufen am 08.07.2021.

Osweiler GD, Hovda L, Brutlag A, Lee JA(Eds.). Blackwell's Five-Minute Veterinary Consult Clinical Companion: Small Animal Toxicology. Hoboken: Wiley & Sons; 2011.

Anthonsen S. Kreislauf- und Lungenversagen nach primär überlebter Koffein-Intoxikation. Anästh Intensivmed. 2018;59: 32-37. https://www.ai-online.info/images/ai-ausgabe/2018/01-2018/2018_1_32-37_Kreislauf-%20und%20Lungenversagen%20nach%20primaer%20ueberlebter%20Koffein-Intoxikation.pdf aufgerufen am 08.07.2021.

Chlorphenaminmaleat

Chlorphenaminmaleat ist in vielen Mitteln gegen Erkältungskrankheiten in der Humanmedizin (z. B. Grippostad®) enthalten und wirkt antiallergisch (Antihistaminikum).

Wirkungsmechanismus

Chlorphenamin greift in die Immunreaktionen des Körpers ein. Es reduziert die bei Infektionen auftretende erhöhte Durchlässigkeit der kleinen Blutgefäße und löst Spasmen der Muskulatur im Bereich der Lungen. Ergebnis ist eine abschwellende Wirkung an den Schleimhäuten der Atemwege. Darüber hinaus hat Chlorphenamin dämpfende (sedierende) Eigenschaften.
Chlorphenaminmaleat ist auch in der Tiermedizin zugelassen. Es wird sowohl bei Hunden als auch bei Katzen gegen Juckreiz (Allergische Dermatitis) eingesetzt.

Toxisches Prinzip

Bei Kleintieren kann es bei einer Intoxikation mit Chlorphenaminmaleat bereits nach circa zehn Stunden zu Symptomen kommen. Im Vordergrund steht eine Schädigung der Nieren mit den entsprechenden Auswirkungen auf das innere Milieu. Chlorphenaminmaleat wirkt depressiv auf das Nervensystem und kann zu Veränderungen im Blutbild führen.

Symptome einer Intoxikation

Insbesondere Hunde reagieren empfindlich auf Chlorphenaminmaleat.
Die toxische Dosis beim Hund liegt bei einer oralen Aufnahme bei 9 mg Maleinsäure/kg Körpergewicht.

Erste Symptome sind

- Benommenheit
- Appetitlosigkeit
- Erbrechen
- Durchfall
- Durst
- Übersäuerung
- Anstieg der harnpflichtigen Stoffwechselprodukte im Blut (Harnstoff, Kreatinin)
- Apathie
- Blutarmut (Anämie)
- Abfall der weißen Blutkörperchen (Agranulozytose) und der Thrombozyten (Thrombozytopenie)

Schwere Intoxikationen sind gekennzeichnet durch

- Erregung
- Gangstörungen (Ataxie)
- Zittern (Tremor)
- Krämpfe

Im Endstadium kommt es zum

- Kollaps des Herz-Kreislauf-Systems
- Koma
- Atemlähmung

Therapeutische Prinzipien

Zur **Dekontamination** wird eine beschleunigte Ausscheidung über den Harn (forcierte Diurese) angestrebt.
Ein **Antidot** gibt es nicht.
Die **Therapie ist symptomatisch**.
Je nach den vorrangig vorliegenden Symptomen und Störungen erfolgt die Behandlung.
Der Flüssigkeitsverlust infolge des Erbrechens wird durch Infusionen ausgeglichen. Dabei ist gleichzeitig die Kompensation der Übersäuerung durch Zufuhr von Natriumbikarbonat möglich.
Mittel, die das Brechzentrum dämpfen (Antiemetika) sowie krampflösende Mittel (Antikonvulsiva) werden je nach Bedarf eingesetzt.
Weiterhin ist die Stabilisierung der lebenswichtigen Funktionen wie Kreislauf und Atmung notwendig.
Bei Krämpfen werden entsprechende Medikamente zu deren Beherrschung eingesetzt.

Prognose

Die Prognose ist sehr gut.

Quellen

Löscher W et al. Pharmakotherapie bei Haus- und Nutztieren. 9. Auflage. Stuttgart: Thieme; 2014.

Stiftung Warentest: Medikamente im Test: Grippemittel. https://www.test.de/medikamente/wirkstoff/grippemittel-paracetamol-chlorphenamin-coffein-vitamin-c-kombination-w1361/ aufgerufen am 08.07.2021.

Koch SN, Torres SM, Plumb DC Canine and feline dermatology drug handbook. Hoboken: Wiley; 2012.

Khan SA. Cold and Cough Medications (Toxicity). Merck Manual Veterinary Manual. Aug 2014. https://www.merckvetmanual.com/toxicology/toxicities-from-human-drugs/cold-and-cough-medications-toxicity aufgerufen am 08.07.2021.

Lidocain

Lidocain ist ein schmerzlinderndes Mittel und ein Mittel gegen Herzrhythmusstörungen.
Es wird sowohl in der Human- als auch in der Tiermedizin eingesetzt.

Wirkungsmechanismus

Lidocain erhöht an den Nervenzellen die Erregungsschwelle und verlangsamt die Reizweiterleitung.
Am Herzmuskel reduziert Lidocain die Erregbarkeit, die Geschwindigkeit der Erregungsleitung und die Kontraktionskraft, sodass die Gefahr von Rhythmusstörungen geringer wird.

Toxisches Prinzip

Lidocain wird bei oraler Aufnahme resorbiert. Es ist ebenfalls aufgrund der eingeschränkten Abbaumöglichkeiten bei Katzen gefährlich.
Die toxische Wirkung von Lidocain betrifft zunächst das zentrale Nervensystem. Dieses reagiert empfindlicher und bereits bei einem niedrigeren Plasmaspiegel an Lidocain als beispielsweise das Herz-Kreislauf-System.
Für den potenziellen tödlichen Ausgang von Lidocain-Intoxikationen sind jedoch die Auswirkungen auf das Herz-Kreislauf-System bedeutungsvoller.
Die Verlangsamung der Erregungsweiterleitung am Herzen bis hin zu Blockierungen führt zu ausgeprägten Arrhythmien am Herzen und letztlich zum Herzstillstand.
Bei Katzen führt die genetisch bedingt eingeschränkte Abbaumöglichkeit in der Leber bei Intoxikationen zu einem langanhaltenden hohen Plasmaspiegel.

Symptome einer Intoxikation

das Nervensystem betreffend:

- Verwirrtheit
- Unruhe
- Tremor und
- Krampfanfälle (tonisch-klonisch)

das Herzkreislaufsystem betreffend:

- zunächst Anstieg der Herzfrequenz und des Blutdruckes
- später Abfall der Herzfrequenz und des Blutdruckes
- Herz-Rhythmus-Störungen
- Kammerflimmern
- Herzstillstand (Asystolie)
- Koma
- Atemstillstand

Therapeutische Prinzipien

Bei oraler Aufnahme von Lidocain ist die **Dekontamination** durch das Auslösen von Erbrechen, Gabe von Aktivkohle und / oder Darmspülung abhängig von der Zeit, die zwischen der Aufnahme von Lidocain und der Vorstellung beim Tierarzt verstrichen ist.
Ein **Antidot** gibt es nicht.
Die **Therapie ist symptomatisch**.
Bei Herzstillstand ist unmittelbar eine Reanimation notwendig.
Auf Grund des verzögerten Abbaus von Lidocain bei der Katze ist die Kontrolle der Herz-Kreislauf-Funktion zeitlich auszudehnen und unter Umständen eine wiederholte Reanimation notwendig.
In der Humanmedizin erfolgt unmittelbar nach erfolgreicher Reanimation die intravenöse Gabe von Lipiden.

Den Effekt der Lipidinfusion erklärt man sich über eine Bindung der fettlöslichen Lidocain-Moleküle an die infundierten Lipide. Die Kontrolle der Anfälle und des Tremors erfolgt medikamentös, sodass die Symptome möglichst gelindert werden, aber keine tiefe Anästhesie angestrebt wird. Durch die wiederholte Gabe kleinerer Einzeldosen und die Kombination mehrerer Medikamente kann die Dosis von Antikonvulsiva reduziert und die Gefahr von Nebenwirkungen minimiert werden.

Prognose

Die Prognose ist gut.

Quellen

Trevis HA. Caffeine and Pets: Safety Tips and Considerations. PetMD Editorial. https://www.petmd.com/dog/emergency/poisoning-toxicity/caffeine-and-pets-safety-tips-and-considerations aufgerufen am 08.07.2021.

Acierno MJ, Brown S, Coleman AE, Jepson RE, Papich M, Stepien RL, Syme HM. ACVIM consensus statement: guidelines for the identification, evaluation, and management of systemic hypertension in dogs and cats. journal of Japanese Association of Veterinary Nephrology and Urology. 2020; 12(1): 30–49.

Aus dem Wissenschaftlichen Arbeitskreis Regionalanästhesie der Dt. Gesellschaft f. Anästhesiologie und Intensivmedizin S1- Leitlinie (AWMF-Registernummer 001-044) Prävention & Therapie der systemischen Lokalanästhetika-Intoxikation (LAST) https://www.awmf.org/leitlinien/detail/ll/001-044.html aufgerufen am 08.07.2021.

Koch S, Torres SMF, Plumb DC. Canine and Feline Dermatology Drug Handbook. Hoboken: Wiley; 2012.

Stehr S, Christ T. (2017). Lokalanästhetika und Lipid Rescue. In: Wolfram W (Hrsg.), Praxis der Anästhesiologie. Springer; 2017: 455–456.

2.2 Verschreibungspflichtige Medikamente (Humanmedizin)

2.2.1 ADHS-Medikamente

Wirkungsmechanismus

ADHS-Medikamente (ADHS Aufmerksamkeitsdefizit-Hyperaktivitätsstörung) wie Ritalin (Methylphenidat) zählen zu den Amphetaminen mit stimulierender Wirkung auf das zentrale Nervensystem und werden in der Humanmedizin relativ häufig bei Kindern über sechs Jahren eingesetzt.
Auch bei Hunden werden sie zur Behandlung von Überaktivität sowie bei Narkolepsie (Schlafsucht) und Kataplexie (plötzliches Niederstürzen) eingesetzt.

Achten Sie stets darauf, dass Ihr Tier keine herumliegenden Medikamente erreichen kann.

Wirkprinzip ist die Beeinflussung der Konzentration und Interaktion von Botenstoffen, insbesondere auf Noradrenalin und Dopamin im Gehirn.
Die Wirkung dieser Medikamente tritt kurz nach der Einnahme ein und hält nur wenige Stunden an, da Methylphenidat relativ schnell zur inaktiven Ritalinsäure abgebaut und über die Nieren ausgeschieden wird.

Toxisches Prinzip

ADHS-Medikamente sind den zentral stimulierenden Amphetaminen sehr ähnlich.
Die toxische Wirkung beruht auf der verlängerten Wirkung von Noradrenalin und Dopamin im Gehirn und einer damit einhergehenden übermäßigen Stimulation des Nervensystems.
Die Resorption erfolgt beim Hund bereits innerhalb von zwei Stunden nach der oralen Aufnahme. Bei leerem Magen noch deutlich schneller.
Die Ausscheidung erfolgt über die Nieren und kann durch eine pH-Absenkung des Harns gesteigert werden. Die Halbwertszeit im Blut sinkt dabei von 6 auf 4 Stunden.

Symptome einer Intoxikation

ADHS-Medikamente, wie beispielsweise Ritalin (Methylphenidat), können bei Hunden und Katzen zu schweren Vergiftungen führen.
Das APCC untersuchte 128 Fälle von Hunden, die Ritalin in Dosierungen zwischen 0,36 mg/kg Körpermasse und 53,18 mg/kg Körpermasse aufgenommen hatten und stellte fest, dass 84 % Zeichen einer Intoxikation wie Hyperaktivität (33 %), Erhöhung der Herzfrequenz (21 %), Erbrechen (15 %), Unruhe (13 %) sowie erhöhte Körpertemperatur (10 %) zeigten. Eine direkte Beziehung zwischen der Dosis und dem Schweregrad der toxischen Symptome bestand nicht.

Formulierungen, die mit einer verlängerten Freisetzung verbunden waren, sogenannte Retard-Präparate, waren bei 91 % der Hunde ungefährlich, führten jedoch bei drei Tieren zum Tod. Untersucht wurden 34 Hunde.
Auch bei Katzen wurden Intoxikationszeichen nach der Aufnahme von Ritalin beobachtet. Sie bestanden in Zittern, Erregung, erweiterten Pupillen, erhöhter Herzfrequenz, Hecheln und Anstieg des Blutdruckes.

Erste Symptome sind

- Appetitlosigkeit
- Übelkeit
- Erbrechen
- Bauchschmerzen
- Durchfall
- Unruhe
- Juckreiz
- starke Erregung
- Rastlosigkeit
- aggressives Verhalten
- Verwirrung
- Mydriasis (Weitstellung der Pupillen)
- Anstieg der Herzfrequenz
- Anstieg des Blutdruckes
- Anstieg der Körpertemperatur
- Anstieg der Atemfrequenz

Schwere Symptome sind

- Herzrhythmusstörungen
- Zittern (Tremor)
- Krämpfe
- Koma

Therapeutische Prinzipien

Die therapeutischen Prinzipien umfassen, soweit noch sinnvoll, die **Dekontamination**.
Das betrifft die Gabe von Aktivkohle und aufgrund der Gefahr von Krämpfen das Auslösen von Erbrechen nur unter tierärztlicher Kontrolle.
Der Patient muss wach und die Schutzreflexe müssen erhalten sein.
Erbricht der Patient von selbst, ist darauf zu achten, dass das Erbrochene abfließen kann, das bedeutet, dass die Maulspitze der tiefste Punkt des Tieres ist und zwischen Magen und Maul eine abwärts gerichtete Linie vorliegt.
Ein spezielles **Antidot** gibt es nicht.
Die **Therapie ist vorrangig symptomatisch**.
Die Vitalfunktionen sind zu überwachen und Veränderungen zu korrigieren.
Die Kontrolle der Vitalfunktionen muss in Abständen wiederholt und die Therapie gegebenenfalls angepasst und erweitert werden.
Prinzipielle Aufgaben sind der Ausgleich von Defiziten im Flüssigkeitshaushalt.
Da Methylphenidat über die Nieren ausgeschieden wird, dient die Flüssigkeitssubstitution gleichzeitig der Ausscheidung des Giftes.
Bei Erregungszuständen und Krämpfen sind angstlösende Medikamente sowie eventuell eine Sedierung und die Gabe von Antiepileptika notwendig.

Teilweise werden Adrenolytika, d.h. Medikamente, die auf das vom Willen unabhängige vegetative Nervensystem dämpfend wirken, eingesetzt. Das vegetative Nervensystem steuert lebenswichtige Funktionen wie Blutgefäßtonus, Drüsen, die Herz- und Atemfunktion und die Verdauung.
Der Erhalt der normalen Körpertemperatur ist sicherzustellen.

Prognose

Die Prognose ist sehr gut.

Quellen

Müller A, Candrian G, Kropotov J. ADHS-Neurodiagnostik in der Praxis. Berlin: Springer-Verlag, 2011.

Dirks H, Scherbaum N, Kis B, Mette C. ADHS im Erwachsenenalter und substanzbezogene Störungen–Prävalenz, Diagnostik und integrierte Behandlungskonzepte. Fortschritte der Neurologie·Psychiatrie. 2017; 85(06): 336–344.

Amphetamine – Kleintier. CliniTox Institut für Veterinärpharmakologie und -toxikologie, Zürich, https://www.vetpharm.uzh.ch/clinitox/toxdb/KLT_024.htm aufgerufen am 08.07.2021.

Piturru P. Anwendung von Methylphenidat bei Hunden mit Aufmerksamkeitsdefizit-/Hyperaktivitätsstörung (ADHS). Tierärztliche Praxis Ausgabe K: Kleintiere/ Heimtiere. 2014; 42(02): 111–116.

Genovese D, Gwaltney-Brant S, Slater M. Methylphenidate toxicosis in dogs: 128 cases (2001–2008). J Am Vet Assoc. 2010, 237 (12): 1438-43.

2.2.2 Antidepressiva

Antidepressiva enthalten verschiedene Stoffe. Sie können dementsprechend sehr unterschiedliche Vergiftungssymptome zur Folge haben.
Von besonderer Bedeutung sind die sogenannten trizyklischen Antidepressiva, die bei Hunden und Katzen zu potenziell tödlichen Intoxikationen führen können.

Wirkungsmechanismus

Die trizyklischen Antidepressiva hemmen die Wiederaufnahme bestimmter antriebssteigernder und stimmungsaufhellender Botenstoffe (Serotonin, Noradrenalin und Dopamin) in die Nervenzellen und erhöhen so indirekt deren Wirkspiegel.

Toxisches Prinzip

Trizyklische Antidepressiva wirken wenig selektiv, d. h. sie reagieren auch mit anderen Rezeptoren, sodass vielfältige Symptome bei Intoxikationen auftreten können.
Im Vordergrund stehen ihre anticholinerge, zentralnervöse und kardiovaskuläre Wirkung (anticholinerg = gegen den Botenstoff Azetylcholin wirkend).
Darüber hinaus gibt es gibt viele Wechselwirkungen mit anderen Medikamenten.
Auch die therapeutische Breite dieser Antidepressiva ist gering, sodass es bereits bei der Aufnahme geringer Mengen zu toxischen Wirkungen kommen kann.

Symptome einer Intoxikation

Die Zeit zwischen der Aufnahme und den ersten Intoxikationszeichen (Latenzzeit) ist gering. Bereits nach einer Stunde kann es unbehandelt zu Todesfällen bei Kleintieren kommen.
Sowohl bei Hunden als auch bei Katzen führt beispielsweise das Antidepressivum Imipramin bei oraler Aufnahme bereits bei 100 mg/kg Körpergewicht zu Zeichen einer Intoxikation.

Allgemeine Symptome sind

- Schwindel
- Erbrechen
- Schläfrigkeit

- Atemdepression
- Lethargie
- Angstzustände
- aggressives Verhalten
- Verstopfung
- Harnabsatzprobleme
- Hypokali- und Hyponatriämie

Schäden am zentralen Nervensystem äußern sich in

- Koordinationsstörungen
- Muskelzittern
- Krämpfe
- Bewusstlosigkeit

Schäden am Herz-Kreislauf-System

- ausgeprägte Rhythmusstörungen
- Kammerflimmern
- Abfall des Blutdruckes bis hin zum
- kardiogenen Schock

Therapeutische Prinzipien

Bei der **Dekontamination** sind die speziellen Intoxikationssymptome zu berücksichtigen.
Erbrechen sollte aufgrund möglicher Krämpfe und eines gestörten Schluckreflexes nicht ausgelöst werden.
Aktivkohle und die Darmreinigung mittels Glaubersalz sind indiziert. Aktivkohle kann auch noch einige Stunden nach der Aufnahme und mehrmals in Abständen eingegeben werden.

Ebenso kann eine Magenspülung noch nach drei bis vier Stunden hilfreich sein, da die Intoxikation mit einer Verlangsamung der Magen-Darm-Passage verbunden ist.
Bei der (vermuteten) Aufnahme größerer Mengen oder Retardformen kann auch ein endoskopisches Entfernen von Tabletten möglich sein.
Ein spezielles **Antidot** gibt es nicht, jedoch kann mit Physostigmin die anticholinerge Komponente sowohl bei Hunden als auch bei Katzen therapiert werden. Natriumbikarbonat ist über den Azidoseausgleich sehr hilfreich bei der Therapie der Herzrhythmusstörungen.
Auch Lipid-Infusionen (Rescue-Therapie) sind angezeigt.
Ansonsten ist die **Therapie symptomatisch**. Wie bei allen Intoxikationen steht die Stabilisierung der Vitalfunktionen im Vordergrund.
Die Vitalfunktionen, insbesondere die Herz-Kreislauf-Funktion, ist intensiv zu überwachen und die Rhythmusstörungen sind zu therapieren.
Die Nierenfunktion (Diurese) wird angeregt und der gesicherte Harnabsatz kontrolliert.
Gleichzeitig mit der Infusionstherapie zur Kontrolle der Nierenfunktion kann die Störung im Säure-Basenhaushalt, gekennzeichnet durch eine Azidose, mittels Natriumbicarbonat therapiert werden.
Krämpfe müssen medikamentös durchbrochen werden.
Eine Überwachung der Körpertemperatur ist ebenfalls notwendig.

Prognose

Die Prognose ist sehr gut.

Quellen

Tox Docs: Intoxikationen mit trizyklischen Antidepressiva. http://toxdocs.de/2018/intoxikationen-mit-trizyklischen-antidepressiva/ aufgerufen am 08.07.2021.

Bodmer M. Intoxikationen mit Antidepressiva. Therapeutische Umschau. 2009; 66(5): 335–341.

Bellmann R, Joannidis M. Vergiftungen mit psychotropen Substanzen. MedKlin Intensivmed Notfmed. 2017; 112: 557–575.

2.2.3 Antidiabetika

Wirkungsmechanismus

In der Humanmedizin finden verschiedene orale Antidiabetika Anwendung. Die Wirkung basiert auf verschiedenen Mechanismen:

- Erhöhung der Insulinempfindlichkeit
- Erhöhung der Insulinausschüttung (direkt/indirekt)
- Steigerung der Zuckerausscheidung
- Verminderung der Zuckeraufnahme/Zuckerproduktion

Beim Menschen erfolgt die Resorption aus dem Darm nur zu 50–60 % der aufgenommenen Menge und ist nach circa sechs Stunden abgeschlossen.
Die Ausscheidung erfolgt über die Nieren.
Die mittlere Eliminationshalbwertzeit aus dem Plasma beträgt zwischen anderthalb und viereinhalb Stunden, bei eingeschränkter Nierenfunktion entsprechend länger. Bei intakten Nieren ist die Ausscheidung nach 24 Stunden zu 90 % abgeschlossen.

Toxisches Prinzip

Metformin hemmt die Zuckerneubildung in der Leber und erhöht die Insulinempfindlichkeit der Zellen.
Die Pankreasinsulinsekretion erhöht es jedoch nicht, sodass bei Intoxikationen mit Metformin nicht mit einer Unterzuckerung zu rechnen ist. Dennoch können Zeichen von Intoxikationen auftreten.
Die Tierschutzorganisation und Giftkontrollzentrale für Tiere (ASPA APCC) der USA weist darauf hin, dass durchaus Vergiftungen insbesondere bei Hunden, aber auch bei Katzen, durch Metformin gemeldet werden.
In der Humanmedizin wird unter Metforminwirkung die Bildung von Glukose aus Milchsäure in der Leber eingeschränkt und es

kann bei längerer Einnahme auf diese Weise zu einer Übersäuerung des Körpers durch die Anreicherung von Milchsäure (Laktatazidose*) kommen. Ist gleichzeitig die Nierenfunktion deutlich eingeschränkt, steigt die Gefahr einer lebensgefährlichen Intoxikation.
Bei Tieren liegen dazu keine Informationen vor.
Bei Katzen bewirkt das orale Antidiabetikum Glipizid in circa 30 % der Fälle einen Abfall des Blutzuckerspiegels.

Symptome einer Intoxikation

Intoxikationszeichen bei Metforminaufnahme sind beim Hund und bei der Katze in der Regel mild und betreffen vorrangig den Magen-Darm-Trakt:

- Appetitlosigkeit (Anorexie)
- Übelkeit
- Erbrechen
- Blähungen
- Durchfall

Intoxikationen bei der Katze durch Glipizid können infolge des möglichen Blutzuckerabfalles deutlich schwerer verlaufen:

- schweres Erbrechen
- Durchfall
- Lethargie
- Unterkühlung
- Hypotonie
- blasse Schleimhäute
- Muskelzittern (Tremor) an den Hinterbeinen

* vermehrter Gehalt von Laktat (dem Anion der Milchsäure) im Blut und im Gewebe

Therapeutische Prinzipien

Da kein direktes **Antidot** gegen orale Antidiabetika zur Verfügung steht, ist die beste Behandlung bei einer Metformin- oder Glipizidintoxikation eine sorgfältige Dekontamination.
Bei einer weniger als zwei Stunden zurückliegenden Aufnahme von Metformin ist das Auslösen von Erbrechen zur **Dekontamination** das Mittel der Wahl. Aktivkohle sollte auch noch zu einem späteren Zeitpunkt eingegeben werden.
Ansonsten ist die **Therapie symptomatisch**.
Der Herz-Kreislauf-Funktion, der Nierenfunktion, dem Wasser-Elektrolythaushalt sowie dem Säuren-Basenhaushalt muss die besondere Aufmerksamkeit gelten.
Der Blutzucker ist mit Hilfe entsprechender Infusionslösungen zu optimieren und zu überwachen, ebenso wie der Laktatspiegel vorsorglich überwacht werden sollte. Das gilt insbesondere bei einer Metforminaufnahme von >200 mg/kg Körpermasse.
Der Einsatz laktathaltiger Infusionslösungen sollte vermieden werden.
Die Magen-Darm-Beschwerden sind zu therapieren.

Prognose

Die Prognose ist bei entsprechender Behandlung gut. Kritischer kann die Prognose werden, wenn sich eine Laktatazidose bereits entwickelt hat.

Quellen

Heller JB. Metformin overdose in dogs and cats. Veterinary Medicine – Bonner Springs then Edwardsville. 2007; 102(4): 231.

Barrella N, Eisenberg B, Simpson SN. Hypoglycemia and severe lactic acidosis in a dog following metformin exposure. Clinical case reports. 2017; 5(12): 2017.

2.3 Lebensmittel

2.3.1 Xylitol

Wirkungsmechanismus

Xylitol ist ein Zuckeralkohol, der natürlicherweise in verschiedenen Pflanzen, Früchten und Bäumen vorkommt.
Für den menschlichen Organismus stellt er keine Gefahr dar und wird teilweise als Zuckeraustauschstoff unter anderem in Lebensmitteln, Süßigkeiten, Kaugummi, Zahncreme und Medikamenten verwendet.
Nach seiner Aufnahme wird er im Dünndarm teilweise resorbiert. Zwei Drittel gelangen in den Dickdarm und können durch die Bindung von Wasser zu Durchfällen führen.
Der weitere Abbau im Dickdarm erfolgt über die bakterielle Aufspaltung in resorbierbare Fettsäurebestandteile, die verstoffwechselt werden.

Toxisches Prinzip

Für Hunde entfaltet Xylitol eine ausgeprägte toxische Wirkung. Während Xylitol beim Menschen den Blutzuckerspiegel kaum beeinflusst, führt er beim Hund dosisabhängig rasch zu einer Insulinfreisetzung und kann dadurch bei entsprechender Xylitolauf nahme einen ausgeprägten Blutzuckerabfall mit entsprechenden Folgen nach sich ziehen.
Katzen sind nicht gefährdet, bei ihnen tritt dieser Effekt nicht ein.
Die Aufnahme von 100 mg Xylitol/kg Körpergewicht führt bereits zu einer Hypoglykämie (Unterzuckerung), 500 mg Xylitol/kg Körpermasse können beim Hund zu Leberversagen führen.
Häufig sind Kaugummis die Ursache für Intoxikationen.
Es gibt gängige Kaugummisorten, die 1 g Xylitol/Kaugummi enthalten, sodass bei einem zehn Kilo schweren Hund bereits bei der Aufnahme von einem einzigen Kaugummi eine Hypoglykämie verursacht wird. Die toxische Dosis, verbunden mit Leberversagen, wird bei einem zehn Kilogramm schweren Hund bei der Aufnahme von fünf Kaugummis erreicht.

Symptome einer Intoxikation

Erste Anzeichen einer Hypoglykämie können bereits innerhalb von 30 Minuten nach der Xylitolaufnahme auftreten. Manchmal kommt es aber auch zu einer erheblichen Verzögerung zwischen Aufnahme und Zeichen einer Intoxikation von mehreren Stunden. Die Geschwindigkeit der Entwicklung von Intoxikationszeichen nach der Aufnahme eines xylitolhaltigen Stoffes ist abhängig von dem Substrat, in dem das Xylitol enthalten ist.

Symptome sind

- Schwäche
- Zittern
- Erbrechen

- Bewegungsstörungen (Ataxie)
- Hypokaliämie (Kaliummangel)
- Krämpfe
- Leberversagen
- Gelbsucht
- Störungen der Blutgerinnung
- Koma

Es sollte unmittelbar tierärztliche Hilfe in Anspruch genommen werden.
Selbstständig sollte ohne Rücksprache mit einem Tierarzt keinesfalls Erbrechen ausgelöst werden, da es bereits zur Unterzuckerung gekommen sein kann.

Therapeutische Prinzipien

Die **Dekontamination** durch Erbrechen kann erfolgen, solange der Hund bei vollem Bewusstsein ist. Aktivkohle ist nicht wirksam. Bei bereits deutlichen Symptomen sind weitere Maßnahmen notwendig.
Ein **Antidot** gibt es nicht.
Die **symptomatische Therapie** richtet sich nach dem vorliegenden Stadium der Intoxikation.
Die Bekämpfung der Hypoglykämie und anderer mit einer Xylitolvergiftung häufig einhergehenden Entgleisungen im Wasser- und Elektrolythaushalt stehen im Vordergrund.
Die Überwachung des Blutzuckerspiegels ist in Abständen über zwölf Stunden, die der Leberwerte über mehrere Tage notwendig.

Prognose

Bei einer Behandlung in einem frühen Stadium der Intoxikation ist die Prognose gut.

Liegt bereits ein Leberversagen oder Störung der Blutbildung vor, ist die Prognose eher vorsichtig zu bewerten.

Quellen

Dunayer EK, Gwaltney-Brant SM (2006). Acute hepatic failure and coagulopathy associated with xylitol ingestion in eight dogs. Journal of the American Veterinary Medical Association. 2006; 229(7): 1113 1117.

Xia Z, Cai L, He Y, Wan J, Yu J. Xylitol poisoning of dogs is associated with increased glycogenolysis, coagulopathy, and oxidative stress. Toxicological & Environmental Chemistry. 2013; 95(2): 337–343.

Jerzsele Á, Karancsi Z, Pászti-Gere E, Sterczer Á, Bersényi A, Fodor K, Vajdovich,P. Effects of po administered xylitol in cats. Journal of veterinary pharmacology and therapeutics. 2018; 41(3): 409–414.

2.3.2 Trauben, Sultaninen und Rosinen ++

Trauben sind Früchte der Weinrebe (Vitis) und sind für Hunde und Katzen stark giftig.

Wirkungsmechanismus

Weintrauben und deren getrocknete Produkte können bei Hunden bereits bei Verzehr relativ geringer Mengen zu Vergiftungserscheinungen führen.
Nicht alle Hunde sind gleichermaßen empfindlich.
Katzen fressen Weintrauben eher nicht, sodass sie nicht so gefährdet sind.

Toxisches Prinzip

Als Ursache der Intoxikationen durch Weintrauben oder durch ihre getrockneten Produkte wird eine Niereninsuffizienz oder ein Nierenversagen verantwortlich gemacht.
Wodurch die Nieren jedoch im Einzelnen geschädigt werden, ist nicht bekannt.

Bei manchen Tieren können jedoch bereits 10–12 g/kg Körpermasse aufgenommene Weintrauben bzw. 2,8 g Rosinen/kg Körpermasse zu Vergiftungserscheinungen führen. Bereits innerhalb von drei Tagen kann es zu einem Nierenversagen kommen.

Symptome einer Intoxikation

Meist kommt es sechs bis zwölf Stunden nach der Aufnahme von Rosinen zu den ersten Symptomen:

- Erbrechen
- Bauchschmerzen
- Schwäche
- Appetitlosigkeit (Anorexie)
- Durchfall
- Dehydratation
- vermehrter Durst
- Lethargie
- schmerzhafter Unterbauch
- Muskelzittern (Tremor)

Auch Gebäck mit vielen Rosinen kann für Hunde kritisch sein.

Die labordiagnostischen Blutbefunde weisen auf das zunehmende Nierenversagen hin. Bei vollständigem Nierenversagen wird nahezu kein Harn mehr gebildet. Meist erfolgt dann die Euthanasie der Tiere.

Therapeutische Prinzipien

Ein **Antidot** gibt es nicht.
Unabhängig von der (vermuteten) Menge an aufgenommenen Weintrauben und Traubenprodukten empfiehlt sich bei Hunden aufgrund der sehr unterschiedlichen Empfindlichkeit und der sehr hohen Toxizität für einige Tiere eine sofortige konsequente **Dekontamination** mit Hilfe von Emetika (Medikamente zum Auslösen von Erbrechen) und einer wiederholten Gabe von Aktivkohle. Als **symptomatische Therapie** erfolgt für zwei bis drei Tage eine intensive intravenöse Infusionstherapie. Die Nierenfunktion sollte mehrfach in Abständen überwacht werden.
Bei einem Nachlassen der Harnproduktion sollte eine Erhöhung der Durchblutung der Nieren mittels Dopamininfusionen versucht werden.

Prognose

In der meisten Fällen ist die Prognose gut. Sollte es zu einem Nierenversagen kommen, ist die Prognose schlecht.

Quellen

Eubig PA, Brady MS, Gwaltney-Brant SM, Khan SA, Mazzaferro EM, Morrow CM. Acute renal failure in dogs after the ingestion of grapes or raisins: a retrospective evaluation of 43 dogs (1992–2002). Journal of veterinary internal medicine. 2005; 19(5): 663–674.

Gwaltney-Brant SM. Raisin and Grape Toxicosis in Dogs. MSD Veterinary Manual https://www.msdvetmanual.com/toxicology/food-hazards/raisins-and-grapes aufgerufen am 08.07.2021.

2.3.3 Zwiebeln, Knoblauch und Schnittlauch, Lauchgewächse (Allioideae) +/++

Alle Lauchgewächse sind giftig bis stark giftig.

Wirkungsmechanismus

Alle Lauchgewächse sind für Hunde und Katzen potenziell toxisch.
Verantwortlich ist eine Stoffgruppe, die als Propyl-Disulfide bezeichnet werden.
Diese Schwefelverbindungen scheinen leicht über den Magen-Darm-Trakt absorbiert und danach zu hochreaktiven Oxidationsmitteln umgewandelt zu werden.
Kochen, Trocknen und dergleichen verändern die Wirkung.

Toxisches Prinzip

Organo-Schwefelverbindungen oxidieren den Blutfarbstoff Hämoglobin in den roten Blutkörperchen zu Methämoglobin, gefolgt von einer damit verbundenen Instabilität der roten Blutkörperchen und zunehmenden Hämolyse (Auflösen der roten Blutkörperchen). Im Ergebnis kommt es zu einer Blutarmut (Anämie).
Manche Hunderassen wie der Akita Inu und der Shiba Inu sind aufgrund genetisch bedingter Besonderheiten in den Erythrozyten gegenüber zwiebelinduzierten oxidativen Schäden besonders anfällig.

Sämtliche Lauchgewächse sind für Hunde und Katzen potenziell giftig – dazu zählt auch dieser Zierlauch.

Auch Katzen, bei denen die roten Blutkörperchen ohnehin sehr anfällig gegenüber Oxidation sind, reagieren empfindlich.
Die toxische Dosis für Zwiebeln wird bei Hunden mit der Aufnahme von 15–30 g/kg Körpermasse und bei Katzen von 5 g/kg Körpermasse bereits erreicht.

Symptome einer Intoxikation

Die Symptome einer Intoxikation beginnen einen Tag oder auch teilweise erst mehrere Tage nach der Aufnahme.

Die vorrangig zu beobachtenden Symptome sind

- Appetitlosigkeit
- Erbrechen
- Durchfall
- Bauchschmerzen
- Anämie
- blasse oder ikterische (gelbe) Schleimhäute
- Schwäche
- erhöhte Herzfrequenz
- erhöhte Atemfrequenz
- Hämoglobinurie (dunkler Harn infolge der Hämoglobinausscheidung)
- Vorhandensein von Heinz-Körperchen (Verklumpungen des Blutfarbstoffes) in den Erythrozyten

Der Tod tritt infolge eines Sauerstoffmangels ein.

Therapeutische Prinzipien

Ein **Antidot** gibt es nicht. Antioxidantien (Vitamin E und Acethylcystein) können eingesetzt werden.
Soweit noch sinnvoll, erfolgt unmittelbar eine **Dekontamination** des Verdauungstraktes mittels einer Magen- und Darm Entleerung. Eine Dekontamination sollte möglichst innerhalb von zwei Stunden erfolgen.
Die Gabe von Aktivkohle ist ebenfalls angezeigt.
Ansonsten ist die **Therapie symptomatisch** und konzentriert sich auf die Behandlung der Anämie und ihren Folgen. Dazu gehören Bluttransfusionen.

Prognose

Die Prognose ist gut.

Quellen

Allium sp. CliniTox Institut für Veterinärpharmakologie und -toxikologie, Zürich https://www.vetpharm.uzh.ch/giftdb/pflanzen/0049_tvm.htm aufgerufen am 08.07.2021.

Handl S, Iben C. Für Kleintiere giftige Nahrungsmittel – eine Literaturübersicht. Vet. Med. Austria / Wien. Tierärztl. Mschr. 2008; (95): 235–242.

2.3.4 Auberginen, Tomaten, Paprika und Kartoffeln ++

Diese Pflanzen und deren Früchte zählen zu der sehr großen Familie der Nachtschattengewächse (Solanaceae). Alle Früchte sind für Hunde und Katzen stark giftig.

Wirkungsmechanismus

Diese Pflanzen enthalten das für Hunde und Katzen giftige Solanin, ein aus verschiedenen Komponenten bestehendes giftiges

Alkaloid. In grünen Pflanzenteilen ist der Gehalt besonders hoch. Solanin wird über die Darmschleimhaut relativ langsam resorbiert. Der maximale Blutspiegel wird erst nach circa zwölf Stunden erreicht. Die Ausscheidung erfolgt über die Nieren und über den Darm.

Toxisches Prinzip

Solanin wirkt an den Schleimhäuten des Magen-Darm-Traktes reizend. Es destabilisiert Zellmembranen und kann zur Hämolyse führen (Auflösung von roten Blutkörperchen).

Im Gehirn hemmt Solanin die Acetylcholinesterase, ein Enzym, das im Gehirn zur Erregungsübertragung an den Nervenzellen notwendig ist. Bei seiner Hemmung kann es dosisabhängig zu Lähmungserscheinungen kommen.

Symptome einer Intoxikation

Die schleimhautreizende Wirkung verursacht eine Magen-Darm-Entzündung (Gastroenteritis) mit

- Mattigkeit
- Bauchschmerzen
- Erbrechen
- Durchfall

Infolge der Hämolyse sind in schweren Fällen

- Anamie (Blutarmut)
- blutiger Harn (Hämoglobinausscheidung)
- Ikterus (Gelbsucht) möglich.

Hämoglobin wirkt nierenschädigend.

Die weiteren Symptome werden durch die Hemmung des Enzyms Acetylcholinesterase im Gehirn verursacht.

- Muskelzittern (Tremor)
- Benommenheit
- Atemnot
- Erregungszustände
- später Lähmungserscheinungen

Der Tod tritt durch Atemlähmung ein.

Therapeutische Prinzipien

Die Dekontamination erfolgt durch eine Magenentleerung durch das medikamentöse Auslösen von Erbrechen oder durch eine Magenspülung. Die Gabe von Aktivkohle ist indiziert.
Ein direktes **Antidot** gibt es nicht. Die Wirkung von Solanin kann durch Atropin teilweise kompensiert werden.
Ansonsten ist die **Therapie symptomatisch** und folgt den intensivmedizinischen Kriterien

- Volumenersatz
- Beatmung bzw. Sauerstoffanreicherung der Atemluft
- Defibrillation bei Kammerflimmern des Herzens
- Bekämpfung von Krämpfen
- Kontrolle des Blutbildes
- Nierenfunktion

Prognose

Die Prognose ist weitgehend abhängig vom Stadium der Intoxikation und der Menge des aufgenommenen Toxins. Bei rechtzeitiger, ausreichend langer, konsequenter Therapie ist sie gut.

Quellen

Roth L, Daunderer M, Kormann K.Giftpflanzen-Pflanzengifte: Vorkommen, Wirkung, Therapie; allergische und phototoxische Reaktionen. Hamburg : Nikol; 2008

Solanin in Kartoffeln. Bundesinstitut für Risikobewertung. https://www.bfr.bund.de/de/presseinformation/2018/15/solanin_in_kartoffeln__gruene_und_stark_keimende_knollen_sollten_aussortiert_werden-204263.html aufgerufen am 08.07.2021.

Nightshade. ASPCA. https://www.aspca.org/pet-care/animal-poison-control/toxic-and-non-toxic-plants/nightshade aufgerufen am 08.07.2021.

2.3.5 Walnüsse (Juglans regia) +

Wirkungsmechanismus

Walnüsse werden von vielen Hunden gern gefressen. Insbesondere unreife und frische Walnüsse können für Hunde jedoch hochgradig giftig sein.
Ursächlich sind nicht sichtbare Stoffwechselprodukte von Schimmelpilzen (Mykotoxin Penitrem A von Penicillium crustosum) verantwortlich.
Walnussimporte werden sorgfältig überwacht, sodass im Handel eher nicht mit belasteten Nüssen zu rechnen ist. Kritischer ist die Situation im heimischen Garten, wo man Hunden nicht gestatten sollte, unkontrolliert auf der Erde liegende Nüsse zu fressen.

Toxisches Prinzip

Beim Hund führt bereits die Aufnahme weniger angeschimmelter Walnüsse zu Zeichen einer Intoxikation.

Insbesondere unreife und frische Walnüsse können für Hunde hochgradig giftig sein.

Die Mykotoxine werden im Darmtrakt rasch resorbiert. Die Latenzzeit (Zeit zwischen der Aufnahme des Toxins und den ersten Symptomen einer Intoxikation) reicht von 15 Minuten bis hin zu zwei bis drei Stunden.
Sie wirken reizend auf die Schleimhaut des Magen-Darm-Traktes und toxisch auf das periphere und zentrale Nervensystem.
Die toxische Wirkung des Mykotoxins besteht vorrangig in der Förderung eines generalisierten Tremors (tremorgene Wirkung), indem es die Ausschüttung anregender Botenstoffe im Gehirn (exzitatorischen Neurotransmitter) steigert und die Freisetzung hemmender Botenstoffe im Gehirn (inhibitorischer Neurotransmitter) hemmt. Die Folge sind Tremor und Krämpfe.

Symptome einer Intoxikation

Die Symptome betreffen den Magen-Darm-Trakt und das Nervensystem. Mykotoxine können die Nieren schädigen, sodass bei entsprechenden Vorerkrankungen die Nierenfunktion sorgfältig zu überwachen ist.

Die zu beobachtenden Symptome können sein:

- Speicheln (Salivation)
- Erbrechen (Vomitus)
- Durchfall (Diarrhoe)
- Schwäche
- erhöhte Körpertemperatur (Hyperthermie)
- Tremor
- tonisch-klonische Krämpfe (Wechsel zwischen Starrheit und Zuckungen)
- Bewegungsstörungen (Ataxie)
- Überempfindlichkeit der Sinnesnerven (Hyperästhesie)
- Geräuschempfindlichkeit (Hyperakusie)
- Erhöhung der Atemfrequenz (Tachypnoe)
- Erhöhung der Herzfrequenz (Tachykardie)
- Weitstellung der Pupillen (Mydriasis)
- schnelle horizontale Bewegung der Pupillen (Nystagmus)
- Krämpfe

Therapeutische Prinzipien

Ein **Antidot** gibt es nicht.
Bei der **Dekontamination** kommen eine Magenspülung und die Gabe von Aktivkohle in Betracht. Das Auslösen von Erbrechen ist auf Grund der Krampfneigung nicht zu empfehlen.

Die Therapie ist symptomatisch und konzentriert sich auf

- die intravenöse Flüssigkeitssubstitution
- Bekämpfung des Erbrechens
- Bekämpfung des Tremors und der Krämpfe
- Narkose mittels Dauertropfinfusion bei hartnäckiger Krampfneigung
- Lipidinfusion zur Toxinbindung im Blut

Prognose

Die Prognose ist bei Hunden ohne vorbestehende Erkrankungen in der Regel gut.

Quellen

Fritz L, Miklis A, Bitter V, Neiger R. Vermutete Intoxikation durch tremorgene Mykotoxine bei zwölf Hunden nach Aufnahme verschimmelter Walnüsse.Kleintierpraxis. 2020; 65(09):476-481.

Juglans sp. . CliniTox Institut für Veterinärpharmakologie und -toxikologie, Zürich https://www.vetpharm.uzh.ch/GIFTDB/PFLANZEN/0198_tvm.htm aufgerufen am 08.07.2021.

2.3.6 Alkohol

Wirkmechanismus

Alkohol (Ethanol, Ethylalkohol) diffundiert leicht durch Zellmembranen. Die Aufnahme von Alkohol erfolgt durch Fressen alkoholhaltiger Substanzen (Getränke, Konfekt, Brotteig) oder über die Haut (alkoholhaltige Desinfektionsmittel).
Nach der oralen Aufnahme findet die Absorption bereits zu einem großen Teil im Magen und oberen Dünndarm statt.

Toxisches Prinzip

Alkohol ist obligat hepato- (Leber-) und neurotoxisch (Nervenzellen).
Alkohol wirkt hemmend auf das zentrale Nervensystem, indem es die hemmende Wirkung verschiedener Neurotransmitter, wie GABA, Dopamin und Serotonin verstärkt.
Die hauptsächliche Entgiftung erfolgt in der Leber, beim Menschen zu 95 %. Die entstehenden Stoffwechselprodukte können ihrerseits zu weiteren Schäden und funktionellen Störungen, wie die Beeinflussung der Herzfunktion, die Entwicklung einer metabolischen Azidose, Unterzuckerung und Störung der Wärmeregulation führen.
Der übrige Teil des Alkohols wird über den Atem, den Harn und über den Kot ausgeschieden.
Hunde und Katzen gelten im Vergleich zum Menschen als empfindlicher gegenüber Alkohol.
Bereits 3–8 g/kg Körpermasse können beim Hund zum Tod führen. Für die Katze werden 6 g/kg Körpermasse als tödliche Dosis angegeben.

Symptome einer Intoxikation

Alkohol (Ethanol) ruft bei Hunden und Katzen ähnliche Vergiftungssymptome wie bei Menschen hervor. Im Vordergrund stehen Magen-Darm-Reizung, Erbrechen und Beeinträchtigung der Hirnfunktion. Bei schweren Vergiftungen kommt es zu Bewusstseinseintrübungen, Koma und drohendem Atemstillstand.

- Speicheln
- Erbrechen
- Durchfall
- Magenblähung
- Verhaltensveränderung

- Apathie
- Ataxie (Gleichgewichtsstörungen bis Seitenlage)
- Muskelzittern (Tremor)
- Ausfall der Schutzreflexe
- Depression bis Koma
- Hypothermie (36.5 °C)
- Störung der Atmung (Dyspnoe)
- Harninkontinenz
- Metabolische Azidose
- Unterzuckerung (Hypoglykämie)
- Abfall der Herzfrequenz (Bradykardie)
- Krämpfe
- Koma
- Herzstillstand

Therapeutische Prinzipien

Die Möglichkeiten der Dekontamination sind begrenzt. Erbrechen auszulösen ist wegen des späteren Ausfalles des Schluckreflexes und der Gefahr der Aspiration (Erbrochenes gelangt in die Lunge) meist nur in der Anfangsphase möglich.
Ansonsten sind Magenspülungen angezeigt.
Aktivkohle bindet Alkohol nur schlecht.
Da ein großer Teil des Alkohols bereits im Magen und oberen Dünndarm resorbiert wird, ist auch eine Beschleunigung der Darmpassage durch Glaubersalz wenig Erfolg versprechend.
Ein Antidot gibt es nicht.
Eine akute Alkoholintoxikation macht die kontinuierliche Überwachung der Vitalfunktionen notwendig.
Der Ausfall der Schutzreflexe, Stoffwechselentgleisungen (Azidose, Elektrolytstörungen) und die Beeinträchtigung der Atem- und Herzfunktion stellen eine akute Lebensgefahr dar.

Alkoholhaltiges Konfekt kann für Tiere zur Gefahr werden.

Die symptomatische Therapie betrifft vorrangig die

- Regulierung des Wasserhaushaltes
- Ausgleich der metabolischen Azidose
- Ausgleich der Defizite
  - an Wasser
  - Elektrolyten und
  - Glukose
- Wärmezufuhr

Prognose

Die Prognose ist im Allgemeinen gut.

Quellen

Handl S, Iben C. Für Kleintiere giftige Nahrungsmittel – eine Literaturübersicht. Vet. Med. Austria / Wien. Tierärztl. Mschr. 2008; (95): 235–242.

Hans FP, Hoeren C, Schmid B, Busch HJ. Akute Alkoholintoxikation. Notfall+ Rettungsmedizin. 2016;19(1): 12–21.

Prankel S, Schöbel A. Akute Alkoholvergiftung beim Hund. Tierärztliche Praxis Ausgabe K: Kleintiere/Heimtiere. 2006; 34(03): 168–171.

2.4 Schokolade (Theobromin und Koffein)

Wirkungsmechanismus

Die für Hunde und Katzen toxische Bestandteile in Schokolade sind Theobromin und Koffein.
Theobromin ist der wesentliche Inhaltsstoff (1,5–3 %) der Kakaobohnen. Der Gehalt an Koffein ist deutlich geringer.
Trotz des deutlichen Unterschiedes in der Konzentration von Theobromin und Koffein wirken beide gleichermaßen bei der Schokoladenintoxikation.
Die verschiedenen Schokoladen enthalten unterschiedlich viel Theobromin pro Gramm Schokolade:

- Milchschokolade 1.5–2 mg/g
- dunkle Schokolade 5–8 mg/g
- Kochschokolade 14–16 mg/g
- 70 %ige Schokolade 20 mg/g
- 90 %ige Schokolade 26 mg/g
- Kakaopulver 14–26 mg/g

Faustregel: Je dunkler die Schokolade, desto gefährlicher für Hunde und Katzen.

Auch die Aufnahme größerer Mengen von Kaffee oder Tee, Cola und dergleichen, auch in trockener Form, würde zu Vergiftungserscheinungen führen (→ **Erkältungsmedikamente – Koffein, Tabelle 1, S. 41 f.**).
Theobromin und Koffein ähneln sich in ihrer Struktur, sodass beide Stoffe weitgehend die gleiche Wirkung auf den Organismus haben. Beide wirken stimulierend auf das zentrale Nervensystem (ZNS)und können zu potenziell lebensbedrohlichen Herzrhythmusstörungen führen.

Toxisches Prinzip

Theobromin und Koffein werden leicht aus dem Magen-Darm-Trakt aufgenommen. Beide hemmen gemeinsam bestimmte Rezeptoren im Gehirn, was zu einer Stimulation des ZNS, zu vermehrter Harnbildung und zu einem Anstieg der Herzfrequenz führt.
Ein zweiter Mechanismus bewirkt eine Zunahme von Kraft und Kontraktilität der Skelettmuskulatur und des Herzmuskels.
Die Verstoffwechslung erfolgt in der Leber. Die Stoffwechselprodukte werden teilweise über die Galle ausgeschieden und können erneut aus dem Darm resorbiert werden und ihre toxische Wirkung erneut entfalten (enterohepatischer Kreislauf).
Ein weiterer Teil wird über den Harn ausgeschieden.
Die Halbwertszeit von Theobromin und Koffein bei Hunden beträgt 17,5 h bzw. 4,5 h.
Die TD (toxische Dosis) für Theobromin wird bereits bei einer Aufnahme von circa 20 mg/kg Körpergewicht erreicht. Zu diesem Zeitpunkt stehen Auswirkungen auf den Magen-Darm-Trakt im Vordergrund.
Bei der Aufnahme von mehr als 40 mg/kg Körpergewicht kommen Auswirkungen auf das Herz-Kreislauf-System wie Anstieg der Herzfrequenz, Herzrhythmusstörungen und Blutdruckanstieg hinzu.
Wurden mehr als 60 mg/kg Körpergewicht aufgenommen, treten zusätzlich neurologische Symptome wie Muskelzittern und Krämpfe auf.

Ein tödlicher Ausgang ist bei einer Aufnahme um 300 mg/kg wahrscheinlich.
Für Theobromin und Coffein gilt eine mittlere letale/tödliche Dosis (LD50) von 100–200 mg/kg Körpergewicht.

Symptome einer Intoxikation

Mit Symptomen einer Schokoladentoxikose ist innerhalb von sechs bis zwölf Stunden nach der Aufnahme zu rechnen.
Diese sind:

- Erbrechen
- Durchfall
- Durst
- Blähungen
- Unruhe
- Ataxie
- vermehrter Harnabsatz
- erhöhte Herzfrequenz
- Herzrhythmusstörungen
- erhöhte Atemfrequenz
- Blutdruckanstieg
- Hyperaktivität
- vermindert die Reizschwelle der Nerven im Gehirn
- übersteigerte Reflexe
- Muskelzittern
- Überhitzung
- Krämpfe

Im Endstadium kommt es zu einem Abfall der Herzfrequenz und des Blutdruckes. Ein Übergang ins Koma ist möglich. Der Tod tritt infolge von Herzrhythmusstörungen, Hyperthermie oder Atemversagen ein.

Therapeutische Prinzipien

Ein **Antidot** gibt es nicht.
Infolge der langanhaltenden Resorption (enterohepatischer Kreislauf) von Theobromin aus dem Magen-Darm-Trakt ist eine sorgfältige **Dekontamination** besonders erfolgversprechend. Dazu gehören Auslösen von Erbrechen oder Magenspülungen in Narkose, die Bindung des Toxins mittels Aktivkohle und die beschleunigte Darmentleerung.
Ansonsten ist die **Therapie symptomatisch**. Eine Beschleunigung der Ausscheidung aus dem Kreislaufsystem wird durch die Anregung der Harnproduktion (forcierte Diurese) bewirkt.

Prognose

Bei früher Einleitung der Therapie ist die Prognose sehr gut.

Quellen

Gwaltney-Brant S. Chocolate intoxication. Vet Med. 2001; 96(2): 108–111.

Gwaltney-Brantz S. Food hazards: Chocolate. MSD Manual Veterinary Manual https://www.msdvetmanual.com/special-pet-topics/poisoning/food-hazards aufgerufen am 08.07.2021.

2.5. Veterinärprodukte

2.5.1 Permethrin

Wirkungsmechanismus

Permethrinhaltige Präparate werden bei vielen Tierarten zur Bekämpfung von Ektoparasiten angewendet.
Beim Hund sind es insbesondere die Spot-On-Präparate zur Bekämpfung von Zecken.
Für den Hund sind nur wenige Fälle von Intoxikationen durch Permethrin beschrieben.
Permethrin wird in der Leber abgebaut.
Bei Katzen führt Permethrin aufgrund des schon mehrfach erwähnten Gendefektes und der sich daraus ergebenden reduzierten Möglichkeit, Permethrin in der Leber in eine über die Nieren ausscheidbare Form umzuwandeln, sehr schnell zu Vergiftungssymptomen.
Seit 2010 sind permethrinhaltigen Mittel gegen Parasiten nicht mehr frei verkäuflich, sondern verschreibungspflichtig, sodass es seltener zu derartigen Vergiftungen kommt.
Ursache für Vergiftungen sind meist Fehlanwendungen der Tierbesitzer, die für Hunde vorgesehene Präparate bei der Katze einsetzen.
Doch auch bereits der Kontakt von Katzen zu Hunden, die mit Permethrin behandelt wurden, kann für Katzen gefährlich sein.

Toxisches Prinzip

Permethrin führt an den Übertragungsstellen der Nervenzellen (Synapsen) über verschiedene Wege zu einer Intensivierung der Erregungsübertragung.
Das Auftreten von Symptomen bei Katzen ist abhängig vom Kontakt und der Aufnahme des Permethrins.
Bei dem versehentlichen Auftragen auf die Haut von Katzen

können bis zum Auftreten von Symptomen Stunden bis mehrere Tage vergehen.
Permethrin wird schnell aus dem Magen-Darm-Trakt resorbiert. Bei Ablecken der Substanz, zum Beispiel bei im gleichen Haushalt lebenden, frisch behandelten Hund, vergehen nur Minuten bis ein bis zwei Stunden, bis Zeichen einer Intoxikation auftreten können.

Symptome einer Intoxikation

Permethrin ist ein Nervengift und führt bei über 50 % betroffener Katzen zu entsprechenden Intoxikationszeichen.

Zunächst treten auf:

- Teilnahmslosigkeit
- Bewegungsstörungen
- Speichelfluss
- Erbrechen
- Durchfall

Später kann es zu folgenden Symptomen kommen:

- Muskelkrämpfen
- Muskelzittern (Tremor)
- Ataxie
- Atemnot
- Störungen der Wärmeregulation
- Störungen der Herzfunktion

Der Tod tritt durch Atemlähmung ein.
Die LD (letale/tödliche) Dosis für auf die Haut aufgetragenes Permethrin liegt bei der Katze bei 100 mg/kg Körpermasse.

Therapeutische Prinzipien

Die Möglichkeiten zur **Dekontamination** des Magen-Darm-Traktes sind begrenzt, da es bereits durch bloßes Ablecken zu Intoxikationen gekommen sein kann.
Bei Intoxikationen über die Haut ist eine intensive Dekontamination der Haut und des Felles notwendig.
Ein **Antidot** steht nicht zur Verfügung.
Die **Therapie ist symptomatisch**.
Sie richtet sich insbesondere auf die Kontrolle des Zitterns und der Krampfanfälle sowie die Therapie der Dehydratation.
Eine gute Flüssigkeitssubstitution schützt auch die Nieren vor den Schäden durch Myoglobin (Muskelfarbstoff), der beim Zerfall von Muskelzellen infolge von Krämpfen entsteht.
Das Beherrschen der Krämpfe kann sehr aufwendig sein und bei ungenügendem Ansprechen auf sedierende und krampflösende Mittel bis zum Einsatz von Narkosemitteln führen.

Für Katzen kann bereits der Kontakt zu Hunden, die mit Permethrin behandelt wurden, gefährlich sein.

Lipid-Infusionen zählen zur unterstützenden Therapie und sollten in geringer Dosierung, dafür aber über vier bis sechs Stunden durchgeführt werden. Lipide tragen zur Bindung der Toxine im Blut bei.

Prognose

Die Prognose bei Permethrin-Intoxikationen der Katze ist vorsichtig zu stellen.
Durch eine Überwachung und Aufrechterhaltung der Vitalfunktionen über mehrere Tage kann das Leben der Katze gerettet werden. Werden die Tiere nicht einem Tierarzt vorgestellt und konsequent über circa 72 Stunden behandelt, tritt meist der Tod ein.

Quellen

Linnett, P. J. (2008). Permethrin toxicosis in cats. Australian veterinary journal, 86(1-2), 32–35.

Boland, L. A., & Angles, J. M. (2010). Feline permethrin toxicity: retrospective study of 42 cases. Journal of feline medicine and surgery, 12(2), 61–71.

Malik R, Ward MP, Seavers A, Fawcett A, Bell E, Govendir M, Page S. Permethrin spot-on intoxication of cats. Literature review and survey of veterinary practitioners in Australia. J Feline Med Surg. 2010; Jan12(1):5-14.

2.5.2 Entzündungshemmer

Es gibt eine Reihe für die Anwendung bei Hunden und Katzen zugelassene Entzündungshemmer. Sie werden insbesondere bei Hunden häufig eingesetzt. Doch auch die für die Tierart zugelassenen Entzündungshemmer können, ähnlich wie die Präparate aus der Humanmedizin, aufgrund ihres bereits dort beschriebenen Wirkungsmechanismus zu Vergiftungserscheinungen führen. Zum Schutz der Tiere dürfen alle Entzündungshemmer nur für einen begrenzte Zeitraum angewandt werden.
(**siehe Permethrin**, S. 82 ff. und **Ivermectin und Moxidectin**, S. 86 ff.)

2.5.3 Ivermectin und Moxidectin

Wirkungsmechanismus

Ivermectin und Moxidectin sind Antiparasitaria in der Tiermedizin. Beide Stoffe werden bei Pferden zur Entwurmung eingesetzt. Es besteht eine natürliche Blut-Hirnschranke, sodass diese Stoffe normalerweise das Gehirn nicht erreichen können und auf diese Weise eine große therapeutische Sicherheit für Säugetiere besteht.

Toxisches Prinzip

Für viele Hunde sind Ivermectin und Moxidectin in hohem Maße toxisch.
Verantwortlich dafür ist ein bei den Hunderassen Deutscher Schäferhund und Weißer Schäferhund sowie bei vielen Hütehunderassen (Collies, Border Collies, Australian Shepherds, Shelties, Bobtails und anderen) spezieller Gendefekt.
Dieser hat zur Folge, dass viele Stoffe die normalerweise zum Gehirn bestehende Blut-Barriere überwinden können und dadurch schwere Vergiftungen auslösen können.
Ivermectin und Moxidectin entfalten ihre toxische Wirkung im Gehirn über eine Steigerung der Wirkung verschiedener Neurotransmitter (GABA).
Bereits das Fressen von Kot von Pferden, die mit Ivermectin oder Moxidectin entwurmt wurden, kann bei diesen Hunden zu Vergiftungen führen.
Die minimale toxische Dosis für Ivermectin beträgt bei Hunden dieser Rassen bei oraler Aufnahme < 0.1 mg/kg Körpermasse.
Moxidectin wird bei empfindlichen Rassen besser vertragen als Ivermectin.
Die mittlere letale/tödliche Dosis (LD50) beträgt bei Hunden ohne Gendefekt bei oraler Verabreichung 80 mg/kg Körpermasse und bei Hunden mit Gendefekt unter gleichen Bedingungen 0,2 mg/kg Körpermasse.

Katzen vertragen Ivermectin besser als Hunde. Bei ihnen liegt die LD50 bei 1,0 mg/kg.
Ivermectin und Moxidectin sind bei Hunden und Katzen nicht zugelassen.
Eine Ausnahme bildet die Behandlung einer Herzwurminfektion. Hierbei wird bei Versagen anderer Medikamente Ivermectin in einer Dosierung von 0.006 mg/kg Körpermasse eingesetzt.

Symptome einer Intoxikation

Die Symptome beginnen einige Stunden bis einen Tag nach der Aufnahme und steigern sich, je nach Dosis, in den nächsten Stunden bis Tagen.

- Speichel (Salivation)
- Weitstellung der Pupillen (bei Ivermectin)
- Erbrechen
- Abfall der Herzfrequenz (Bradykardie)
- Störung der Temperaturregulation (Hypo- oder Hyperthermie)
- Desorientiertheit
- Gleichgewichtstörungen (Ataxie)
- Muskelzittern (Tremor)
- Krämpfe

Mit dem Fortschreiten einer Intoxikation kommt es zu

- Schwäche
- Seitenlage
- Benommenheit
- Koma
- Atemdepression

Australian Shepherds zählen zu den Rassen, die von Vergiftungen über Entwurmungsmittel für Pferde besonders häufig betroffen sind, zum einen aufgrund eines speziellen Gendefekts, zum anderen, weil sie bei Pferdebesitzern beliebt sind.

Therapeutische Prinzipien

Die **Dekontamination** des Magen-Darm-Traktes erfolgt durch die unmittelbare Entleerung des Magens durch Auslösen von Erbrechen oder wiederholter Magenspülungen und die des Darmes mittels wiederholter Gaben von Aktivkohle und Darmreinigung mittels Glaubersalz.
Ein spezielles **Antidot** gibt es nicht.
Physostigmin kann versucht werden, doch die Wirkung hält nur sehr kurze Zeit an.
Die Therapie ist symptomatisch.
Im fortgeschrittenen Stadium einer Intoxikation sind nur noch unterstützende Maßnahmen zur Stabilisierung der Vitalfunktionen und der Behandlung der Symptome wie Antiemetika, krampflösende Medikamente und die Sicherung der Körpertemperatur möglich.

Dem Wasser-Elektrolythaushalt sowie dem Säure-Basenhaushalt gilt wie bei allen Intoxikationen besondere Aufmerksamkeit.
Auf Grund des Wirkprinzips von Ivermectin und Moxidectin im Gehirn sind die üblicherweise primär eingesetzten krampflösenden (antikonvulsiv) wirkenden Medikamente (Benzodiazepine, Barbiturate) zur Beherrschung von Krämpfen nicht geeignet. Zu bevorzugen sind Anästhetika wie zum Beispiel Propofol, zunächst als Bolus zur Beherrschung der Krämpfe und danach fortgesetzt in einer niedrig dosierten Dauertropfinfusion bis zum Abklingen der Symptomatik.
Die Applikation von Lipiden zur Bindung fettlöslicher Toxine aus dem Gewebe in eine über das Blut abtransportierbare Form gehört ebenfalls zur unterstützenden Therapie.

Prognose

Die Prognose ist vorsichtig bis gut und hängt von der aufgenommenen Dosis, dem Zeitpunkt des Vorstellens bei einem Tierarzt und der Dauer einer konsequenten Therapie ab.

Quellen

Linek J, Spiess C, Dallmeyer J, Geyer J. Ivermectin-Intoxikation bei drei Hunden mit und ohne MDR1-Gen-Defekt durch ein für Pferde zugelassenes orales Antiparasitikum. Tierärztl. Prax. 2007; 35.

Merola VA, Khan S, Gwaltney-Brant S. Ivermectin toxicosis in dogs: a retrospective study. Journal of the American Animal Hospital Association. 2009; 45(3): 106–111.

2.6 Haushaltsmittel

In Haushaltsmitteln sind viele verschiedene Stoffe enthalten, die bei Hunden und Katzen toxische Wirkungen entfalten können. Das betrifft insbesondere Farben, Reinigungs-, Desinfektions-, Wasch- und Bleichmittel, aber auch Weichmacher in Kunststoffen und Duftstoffen sowie Frostschutzmittel.

2.6.1 Bleivergiftung

Wirkungsmechanismus

Blei ist ein weitverbreiteter Industrieschadstoff und auch in der häuslichen Umgebung weit verbreitet.
Viele Farben waren früher in hohem Maße bleihaltig. Sie können noch heute beim Abschleifen alter Farbanstriche oder durch Absplittern zu einer Kontamination des Felles und der Pfoten bei Hunden und Katzen führen. Infolge des ausgeprägten Körperpflegeverhaltens der Tiere können nennenswerte Mengen durch das Tier aufgenommen werden und zu Bleivergiftungen führen.
Mit dem Verbot von bleihaltigen Farben für Innenräume und des Bleizusatzes in Kraftstoffen in Deutschland hat sich die allgemeine Bleibelastung reduziert. Parallel dazu ist auch die Zahl von Bleivergiftungen zurückgegangen.
Es können akute Vergiftungen oder auch chronische Bleivergiftungen auftreten.
Für akute Bleivergiftungen von Bedeutung ist die Kontamination von Fell und Pfoten durch bleihaltige Stoffe und das Verschlucken bleihaltiger Fremdkörper beim Spiel (Angelgewichte, Gardinenkügelchen) oder auch Verletzungen durch Schrotkugeln.
Für chronische Vergiftungen spielen alte Hauswasserrohre aus Blei, staubbelastete Pflanzen und Innereien von Schlachttieren eine Rolle.
Auch die Inhalation bleihaltigen Staubes kann zu Vergiftungen führen, da Blei aus den Lungen zu einem großen Teil resorbiert wird.

Nach der Bleiaufnahme wird das Blei im zirkulierenden Blut fast vollständig an die roten Blutkörperchen (Erythrozyten) gebunden und verteilt sich so auf den ganzen Organismus.
Bei chronischer Exposition lagert sich Blei größtenteils im Knochen ab. Dort entfaltet es keine toxische Wirkung und wirkt lediglich als Depot.
Bei gesteigertem Knochenabbau (Trächtigkeit, Behandlung mit Kortison u. a.) kann es mobilisiert werden und zu Intoxikationen führen.
Die Ausscheidung von Blei erfolgt sehr langsam über die Nieren.

Toxisches Prinzip

Obwohl Blei selbst im Körper keine physiologische Rolle spielt, sind seine schädlichen Effekte sehr vielfältig.
Blei bildet auf der Zellebene reaktive Radikale, die Zellstrukturen, die DNA und Zellmembranen angreifen.
Blei führt zu Störungen in der Kollagensynthese, zu Veränderungen der Durchlässigkeit (Permeabilität) von Blutgefäßen und zu Beschädigungen an den Zellen des Immunsystems.
Durch die Schädigung der Zellmembranen wird unter anderem die Synthese von Hämoglobin gestört, was zu einer für Bleiintoxikationen charakteristischen Anämie führt
Im Bereich des Nervensystems bremst und stört Blei sehr komplex die Organisation der Erregungsübertragung und das Wachstum von Nervenzellen.
Daraus abgeleitet ergibt sich, dass die Toxizität von Blei einige Organsystem besonders betrifft.

Diese sind

- das blutbildende System
- das Nervensystem und
- die Nieren

Bleihaltige Farben werden insbesondere Katzen gefährlich, wenn sie sich das Fell putzen.

Jungtiere sind deutlich stärker gefährdet als erwachsene Tiere.
Schäden an der Hämoglobinsynthese der roten Blutkörperchen (Erythrozyten) treten bereits in einem sehr frühen Stadium auf und führen neben weiteren Veränderungen an den Erythrozyten zu einer hypochromen Anämie.
Schäden am Nervensystem führen zu Entwicklungsstörungen, Koordinationsproblemen, Verhaltensänderungen und allgemeiner Schwäche.
Schäden an den Nieren führen anfangs zu einer reversiblen und später zu fortschreitenden Niereninsuffizienz, verbunden mit dem Anstieg der harnpflichtiger Substanzen Kreatinin und Harnstoff im Blut.
Die Resorptionsquote bei oraler Aufnahme ist gering.
Die Ausschleusung von Blei erfolgt hauptsächlich über die Nieren und nimmt Monate in Anspruch.

Symptome einer Intoxikation

Bei akuter, geringer Kontamination stehen Auswirkungen auf den Magen-Darm-Trakt im Vordergrund:

- Appetitlosigkeit (Anorexie)
- Erbrechen
- Bauchschmerzen
- Durchfall, teils blutig
- Gelenkschmerzen

Massive Intoxikationen führen zu einer Entzündung im Gehirn, verbunden mit einem Hirnödem und einer intracraniellen (im Gehirn) Drucksteigerung (Bleienzephalopathie).

- Überempfindlichkeit der Haut
- Hyperaktivität
- Beißen
- Zittern
- Krämpfe
- Bewusstseinsstörung
- Koma

Bei chronischen Intoxikationen überwiegen die oben aufgeführten Auswirkungen auf das blutbildende System, das ZNS und die Nieren.

- Schwäche
- Anämie
- Ataxie
- Lähmungen
- Niereninsuffizienz

Die LD (unterste letale/tödliche Dosis) liegt bei Hunden bei 300 mg/kg Körpergewicht.
Bei chronischer Aufnahme in kleinen Dosen wird bei 10 mg/kg Körpergewicht und Tag die letale Dosis erreicht.

Therapeutische Prinzipien

Die **Dekontamination** betrifft in erster Linie die Identifizierung und Beseitigung der Vergiftungsquelle.
Dazu gehört die gründliche, ausgiebige Reinigung des Felles bzw. der Pfoten, aber auch die endoskopische oder chirurgische

Entfernung von Fremdkörpern oder sonstiger Quellen für die Giftaufnahme.
Durch ein frühzeitiges Entfernen bleihaltiger Fremdkörper kann möglicherweise die Entwicklung einer Intoxikation verhindert werden.
Zufallsbefunde zeigen jedoch auch, dass Fremdkörper teilweise so verkapselt werden, dass die Freisetzung von Blei sehr gering ist und keine Gefahr von ihnen ausgeht.
Je nach Ausgangssituation sind das Einleiten von Erbrechen oder Magenspülungen sowie die beschleunigte Entleerung des Darmes mittels Glaubersalz angezeigt.
Ein spezielles **Antidot** gibt es nicht.
Neben der Dekontamination ist die **Therapie symptomatisch**. Sie konzentriert sich auf die Vitalfunktionen.
Teilweise ist eine spezielle Therapie der Anämie (Bluttransfusion) angezeigt. Die Krämpfe müssen kontrolliert und ein eventuelles Hirnödem therapeutisch berücksichtigt werden.
Bei sehr schweren Intoxikationen werden Chelatbildner zur Bindung von Blei und Überführung in eine wasserlösliche Form und damit erleichterte Ausscheidung über die Nieren eingesetzt.
Chelate können ihrerseits toxische Wirkungen haben, sodass sie bei leichten und mittleren Bleiintoxikationen nicht eingesetzt werden.

Prognose

Die Prognose ist vorsichtig zu stellen. Sie ist unter der Berücksichtigung der extrem langsamen Ausscheidung abhängig vom Ausmaß der Intoxikation und der Möglichkeit einer weitere Bleibelastung, die sicher zu unterbinden ist.

Quellen

O'Malley GF. Bleivergiftung. MSD Manual Ausgabe für Patienten. https://www.msdmanuals.com/de-de/heim/verletzungen-und-vergiftung/vergiftung/bleivergiftung aufgerufen am 08.07.2021.

Tutdibi E, Gomes E, Lindner U, Gortner L. Bleivergiftung bei Kindern. In: Arzneimittel-, Therapie-Kritik & Medizin und Umwelt. 2008; (3): 685–691.

2.6.2 Reinigungsmittel

Wirkungsmechanismus

Nahezu alle im Haushalt verwendeten Reinigungsmittel sind für Hunde und Katzen potenziell giftig.
Haushaltsreiniger sind eine der häufigsten Vergiftungsquellen bei Katzen. Diese sind insbesondere durch ihre intensive Körperpflege gefährdet.
Auch solche, die als „grün" oder „natürlich" gekennzeichnet sind, können zu Vergiftungssymptomen führen. Die Dosis ist entscheidend.
Viele Stoffe führen zu Reizungen und Erosionen an der Haut und den Atemwegen sowie zu Verätzungen und Blutungen an den Schleimhäuten des Magen-Darm-Traktes.
Andererseits können die meisten Reinigungsmittel bei richtiger Anwendung und einem achtsamen Umgang im Hinblick auf unsere Tiere als sicher betrachtet werden.
Einige Hinweise dazu finden sich unter dem Punkt „Prophylaxe" (siehe unten).
Reinigungsmittel stellen eine sehr heterogene Gruppe von Stoffen dar. Es ist nicht möglich, alle potenziell für Hunde und Katzen giftigen Stoffe aufzuführen.
Beispielhaft seien einige wichtige Inhaltsstoffe von Reinigungsmitteln genannt.

Diese sind:

- Chlor
- Ammoniak
- Formaldehyde
- Tenside

Chlor (Hypochlorid)

Toxisches Prinzip

Chlor in Form von Hypochlorid ist ein Hauptbestandteil in Bleichmitteln. Darüber hinaus ist es in vielen Reinigungsmitteln wie Waschmitteln, Geschirrspülmitteln, Toilettenreinigern, Poolreinigern und Allzweckreinigern enthalten.
Chlor reagiert mit dem Wasser der Schleimhäute des Magen-Darm-Traktes und der Atemwege unter Bildung von Säuren (hypochlorige Säure oder Salzsäure). Beide Säuren sind in hohem Maße toxisch.

Symptome einer Intoxikation

Hypochlorid führt je nach Konzentration und der Lokalisation des Kontaktes zu unterschiedlichen Reaktionen.

Äußerer Kontakt (Haut, Augen)

- Reizungen /Verätzung der Haut
- Tränenfluss
- Augenlidödem
- Hornhauttrübung
- Hornhautgeschwür

Atemwege (Einatmen)

- Husten
- Würgen
- Reizungen der Atemwege
- Flüssigkeitsansammlung in den Lungen (Lungenödem)

Orale Aufnahme

- Reizung / Verätzung Maulschleimhaut
- Reizung / Verätzung Speiseröhre
- Reizung / Verätzung Magen
- Reizung / Verätzung Darm
- Erbrechen
- Speicheln (Hypersalivation)
- Durchfall
- Depression
- Appetitlosigkeit (Anorexie)

Therapeutische Prinzipien

Ein spezielles **Antidot** gibt es nicht.
Die **Dekontamination** hat große Bedeutung.
Bei äußerlichem Kontakt sind die betroffenen Regionen der Tiere langanhaltend mit Wasser zu spülen, zu duschen oder zu baden.

Augen sind ebenfalls mit reichlich Wasser mindestens 15 Minuten lang zu spülen.
Erbrechen darf **nicht** ausgelöst werden, sondern die Tiere sollten möglichst viel Wasser zur Verdünnung der Säure im Magen-Darm-Trakt aufnehmen.
Die weitere **Therapie ist symptomatisch** und richtet sich nach den vorliegenden und zu befürchtenden Störungen.

Prognose

Die Prognose ist bei konsequenter Überwachung und Therapie der Patienten gut.

Quellen

https://www.msdvetmanual.com/toxicology/household-hazards/chlorine-bleaches

Cortinovis, C., Pizzo, F., & Caloni, F. (2015). Poisoning of dogs and cats by drugs intended for human use. The Veterinary Journal, 203(1), 52–58.

Ammoniak

Ammoniak ist in Allzweckreinigern, in Ofenreinigern, Fensterreinigern, Bodenwachsen und Toiletten- und Abflussreinigern enthalten.

Wirkungsmechanismus

„Allzweckreiniger" ist beispielsweise eine 25 %ige Ammoniaklösung und in hohem Maße giftig und ätzend.
Der stechende Geruch macht Ammoniak für Tiere unattraktiv, sodass Trinken eher nicht in Betracht kommt.
Hunde, die es gewöhnt sind, aus der Toilettenschüssel zu trinken, könnten allerdings Ammoniakreste auch oral aufnehmen.

Lecken der Pfoten nach Kontakt und Einatmen von Dämpfen sind die Hauptquellen eines unbeabsichtigten Kontaktes mit Ammoniak.

Toxisches Prinzip

Die toxische Wirkung ergibt sich aus der lokalen Wirkung und der Wirkung nach Resorption.
Ammoniak wirkt lokal auf feuchten Körperoberflächen wie Augen, Haut, Lunge und Schleimhaut der Maulhöhle und des Magen Darm-Traktes stark ätzend.
Die Wirkung ist unabhängig davon, ob Ammoniak eingeatmet oder oral aufgenommen wurde.
Nach der Resorption beeinflusst Ammoniak einen der wichtigsten Stoffwechselprozesse im Körper, den Zitronensäurezyklus, der für die Verstoffwechslung von Kohlehydraten, Fetten und Eiweißen verantwortlich ist.
Die Stoffwechselvorgänge verändern sich dahingehend, dass vermehrt Säuren (Laktat) gebildet werden, was in einer Azidose (Laktatazidose) mündet.
Es kommt zu Zellschädigungen und zu Schäden im zentralen Nervensystem.

Symptome einer Intoxikation

In niedriger Konzentration eingeatmet verursacht Ammoniak

- Brennen in den Augen
- Tränenfluss
- Reizung der Nasenschleimhäute
- Niesen
- Husten
- Reizung im Rachen

In hohen Konzentrationen führen bereits wenige Atemzüge zu schweren Symptomen an den Atemwegen:

- schweren Reizungen
- Laryngospasmus (Spasmus des Kehlkopfes)
- Atemnot
- Entzündungen bis Verätzungen
- toxisches Lungenödem
- respiratorische Insuffizienz
- Sauerstoffunterversorgung (Hypoxie)
- akutes Lungenversagen
- Bewusstlosigkeit

Bei oraler Aufnahme

- Erbrechen, zum Teil blutig
- starke Bauchschmerzen

Therapeutische Prinzipien

Ein **Antidot** gibt es nicht.
Bei schweren Ammoniakvergiftungen sind unter Umständen lebensrettende Notfallmaßnahmen der Reanimation zu ergreifen.

Das bedeutet

- Atmung überprüfen, wenn nicht vorhanden:
  - Herzdruckmassage (30x)
  - Beatmung (2x)

Zu den Sofortmaßnahmen zählen die **Dekontamination**. Betroffene Körperteile (Augen, Fell, Pfoten) sollten gründlich gereinigt werden. Die Augen sollten möglichst für mindestens 15 Minuten gespült werden.
Zur Dekontamination des Felles oder der Pfoten sollte möglichst großzügig mit lauwarmem Wasser langanhaltend gespült werden oder die Tiere durch Duschen oder Baden gereinigt werden.
Beim Baden der Tiere ist an einen Wechsel des Wassers zu denken.
Wurde Ammoniak verschluckt, darf kein Erbrechen ausgelöst werden, sondern es sollte eine Verdünnung des Ammoniaks im Magen durch die Eingabe von warmem Wasser angestrebt werden. Eine wiederholte Magenspülung sollte sich anschließen.
Eine **symptomatische Therapie** schließt sich an.
Im Mittelpunkt steht die Lungenfunktion und damit die Sauerstoffversorgung des Körpers.
Meist ist eine Anreicherung der Atemluft mit Sauerstoff bei Spontanatmung oder eine Beatmung notwendig.
Dem Wasser-Elektrolythaushalt und Säure-Basenhaushalt sowie der Therapie eines Lungenödems gilt besondere Aufmerksamkeit.

Prognose

Abhängig vom Ausmaß der Intoxikation durch Ammoniak und dem Zeitpunkt der Therapie ist die Prognose im Allgemeinen gut.

Quellen

Dodd KT, Gross DR. Ammonia inhalation toxicity in cats: a study of acute and chronic respiratory dysfunction. Archives of Environmental Health: An International Journal. 1980; 35(1): 6–14.

Dörfelt R, Richter P. Vergiftungen mit Haushaltsreinigern bei Katzen. Kleintierpraxis. 2018; (4): 176–186.

Formaldehyd

Wirkungsmechanismus

Formaldehyd wirkt antibakteriell und ist in vielen Reinigungsmitteln und Desinfektionsmitteln enthalten.
Es wirkt insbesondere an der Nasenschleimhaut kanzerogen (krebserregend).
Formalin ist die 35 %ige wässrige Lösung von Formaldehyd.
Formaldehyd wird sowohl über den Magen-Darm-Trakt, bereits beginnend an der Schleimhaut der Maulhöhle, als auch bei Inhalation über die Lungen, bereits beginnend an der Nasenschleimhaut, der Luftröhre und den Bronchien resorbiert.
Formaldehyd wird im Organismus zu Ameisensäure umgewandelt und über die Nieren ausgeschieden.

Toxisches Prinzip

Formaldehyd wird innerhalb weniger Minuten nach Resorption verstoffwechselt, sodass vorrangig lokale Reaktionen von Bedeutung sind.
An den Schleimhäuten der Nase und des oberen Magen-Darm-Traktes führt Formaldehyd lokal zu Reizungen und bei entsprechender Konzentration zum Absterben von Gewebe (Nekrosen).
Bei der Verstoffwechslung in der Leber werden zelluläre Strukturen der Leberzelle (Mitochondrien) geschädigt, was zu Störung der Leberfunktion führt.
Die Bildung von Ameisensäure hat eine metabolische Azidose (stoffwechselbedingte Übersäuerung des Blutes) zur Folge.

Symptome einer Intoxikation

- lokale Schleimhautläsionen
  - Maulschleimhaut
  - Speiseröhre
  - Magen
  - Reizung der Bindehäute
- Speicheln
- Erbrechen, teils blutig
- Bauchschmerzen
- Bauchkrämpfe
- Durchfall
- Reizung der Atemwege
  - Husten
  - Kehlkopfödem
  - Entzündungen
  - Lungenödem
  - Atemnot

Therapeutische Prinzipien

Ein **Antidot** gibt es nicht.
Bei äußerer Kontamination mit Formaldehyd erfolgt die lokale Dekontamination je nach Situation von Augen, Haut, Fell und Pfoten durch langanhaltendes Spülen mit lauwarmem Wasser.
Bei oraler Aufnahme sollte die Dekontamination durch Erbrechen bzw. Magenspülung, Eingabe von Aktivkohle und einer Beschleunigung der Darmentleerung stattfinden.
Die **Sicherung der Vitalfunktionen** betrifft insbesondere den Ausgleich von Flüssigkeits- und Elektrolytverlusten sowie den

Ausgleich der Azidose durch eine entsprechende Infusionstherapie.
Ergänzt wird die Sicherung der Vitalfunktionen durch eine symptomatische Therapie wie Stoppen des Erbrechens, Schmerzmedikation und antibiotische Abschirmung bei offenen Schleimhautläsionen.

Prognose

Die Prognose ist im Allgemeinen gut.

Quellen

Poisoning in Cats. https://wagwalking.com/cat/condition/poisoning aufgerufen am 08.07.2021.

Desel H. Vergiftungen. In: Marx G., Muhl E., Zacharowski K., Zeuzem S. (eds). Die Intensivmedizin. Berlin: Springer; 2015.

Tenside

Wirkungsmechanismus

Tenside (Schaumbildner; Detergenzien) enthalten Chemikalien (Benzalkoniumchlorid und Cetrimoniumbromid), die in Weichspülern, Wasch-, Spül- und Pflegemitteln sowie in wiederverwendbaren Trocknerfolien enthalten sind.

Toxisches Prinzip

Sie wirken für Hunde und Katzen hochgradig toxisch.
Bei Hautkontakt kann es bei speziellen (kationischen) Tensiden zu Hautreizungen bis zu Verbrennungssymptomen kommen. Anionische und nichtionische Tenside sind die in den meisten Produkten enthaltenen Tenside. Dennoch sind sie toxikologisch relevant.

Bei oraler Aufnahme entstehen lokale Reizungen bis hin zu Geschwüren, zentralnervösen Störungen und eine akute Niereninsuffizienz.
Tenside werden vorrangig nicht absorbiert, sondern führen zur Schaumbildung.
Aus der Schaumbildung ergibt sich die Gefahr der Aspiration (Einatmen in die Lunge).

Symptome einer Intoxikation

Die Symptome im Magen-Darm-Trakt sind

- Übelkeit
- Erbrechen
- Bauchkrämpfe
- Durchfall

Giftige Tenside können u.a. auch in wiederverwendbaren Trocknertüchern vorhanden sein. Katzen lieben es, in offenstehende, noch warme Trockner zu kriechen!

Die Symptome in den Lungen sind

- Entwicklung von Atelektasen (Belüftung von Abschnitten der Lunge ist nicht mehr möglich)
- Aspiration (Eindringen in die Lunge) von Schaum
- Entwicklung eines toxischen Lungenödems

Therapeutische Prinzipien

Im Sinne eines Antidots können Entschäumer wie Dimeticon und Sab-Simplex eingesetzt werden. Gleichzeitig ist die Gabe von Wasser als eine der Erstmaßnahmen angezeigt.
Im Vordergrund steht die Dekontamination. Sie betrifft zunächst Augen, Haut und Fell durch langanhaltendes Spülen mit lauwarmem Wasser.
Erbrechen darf nicht ausgelöst werden.
Die Aufrechterhaltung und Stabilisierung der Vitalfunktionen ist zentrale Aufgabe der sich anschließenden symptomatischen Therapie. Teilweise sind eine zusätzliche Sauerstoffzufuhr oder Anreicherung der Atemluft mit Sauerstoff notwendig.

Prognose

Die Prognose ist bei frühem Einsetzen der Therapie gut. Bei Folgeschäden wie Aspiration und Lungenschäden verschlechtert sie sich deutlich und nimmt dann eine längere Zeit der Behandlung in Anspruch.

Quellen

Schaper A, Groeneveld A, Kilian A, Kaiser G. Tropfen, Trips, Tenside. Evidenzbasierte Behandlung von Vergiftungen im Kindes- und Jugendalter. Giftinformationszentrum-Nord, Universitätsklinik Göttingen. https://cme.mgo-fachverlage.de/uploads/exam/exam_118.pdf aufgerufen am 08.07.2021.

Dörfelt R, Richter R. Vergiftungen mit Haushaltsreinigern bei Katzen. Kleintierpraxis. 2018; 63(4): 176–186.

Allgemeine Prophylaxe bei Reinigungsmitteln

Sind Tiere im Haushalt, sollte der Umgang mit Reinigungsmitteln in einigen Punkten überdacht werden.
Bereits das Nachwischen mit klarem Wasser nach der Reinigung von Fußböden schützt unsere Tiere vor einem zu intensiven Kontakt mit Reinigungsmitteln.
Insgesamt kann in vielen Fällen ohnehin auf aggressive Reinigungsmittel verzichtet werden.
In vielen Fällen könnte man zur Fleckentfernung anstelle chlorhaltiger Produkte Sauerstoffbleiche verwenden. Auch der Einsatz von speziell als ungiftig für Tiere deklarierten Putzmitteln mildert die Gefahr von Intoxikationen durch Reinigungsmittel.
Es gilt wie bei Kindern dafür zu sorgen, dass alle Reinigungsmittel sicher vor unseren Tieren verstaut werden und Tiere während deren Anwendung sich möglichst nicht im gleichen Raum aufhalten. 2.6
Auch leere Behälter sollten sorgfältig entsorgt werden, damit sie nicht zu Spielzeug werden.
Hilfreich für den Schutz unserer Tiere ist natürlich auch, sich genau an die Empfehlungen des Herstellers zu halten.
Die Anwendung ätherischer Öle ist insbesondere dann, wenn Katzen im Haushalt sind, nicht zu empfehlen.

Quellen

Fromme H, Nitschke L, Boehmer S, Kiranoglu M, Göen T. Exposure of German residents to ethylene and propylene glycol ethers in general and after cleaning scenarios. Chemosphere. 2013; 90: 2714–2721.

Gwaltney-Brant S. Household Hazards: Chlorine Bleaching. MSD Manual Veterinary Manual, https://www.msdvetmanual.com/toxicology/household-hazards/chlorinebleaches aufgerufen am 08.07.2021.

2.6.3 Weichmacher (Phthalate)

Wirkungsmechanismus

Phthalate werden vorrangig als Weichmacher in Kunststoffen wie Polyvinylchlorid (PVC) verwendet. Man findet sie darüber hinaus in vielen Haushaltsprodukten als Duftstoffe.
In Westeuropa werden jährlich mehr als eine Million Tonnen Phthalate produziert. Davon gelangen laut EU ca. 95 % der Phthalate später durch deren Nutzung in die Umwelt und werden mittlerweile überall nachgewiesen.
Phthalate sind in den Produkten, in denen sie als Weichmacher enthalten sind, chemisch nicht fest gebunden. Sie können ausdünsten und in andere Materialien (Lebensmittel) übergehen.
Phthalate entfalten ihre toxische Wirkung, indem sie verschiedene Hormondrüsen wie die Schilddrüse und die Hirnanhangsdrüse (Hypophyse) schädigen und die Bildung von Hormonen beeinflussen.
Experimentell wurden bei Haustieren Fortpflanzungsstörungen nachgewiesen.
Sie verursachen weiterhin Gewichtszunahme, gelten als krebserregend und können die Entwicklung von Jungtieren negativ beeinflussen.
Manche Phthalate wirken vorrangig lebertoxisch (Hepatomegalie). Teilweise kommt es zur Tumorinduktion.

Experimentelle Untersuchungen an Mäusen ergaben bei zunehmender Phthalatkonzentration eine

- Abnahme des Fötusgewichtes
- Verlangsamung der Knochenbildung
- Abnahme der Wurfgröße
- Abnahme der Spermienzahl

Bei sehr hohen Konzentrationen kam es zu Missbildungen bei

- Fortpflanzungsorganen
- Augen
- Nieren

Hunde und Katzen nehmen Phthalate nicht nur mit Lebensmitteln und ihrem Futter auf, sondern auch mit dem Hausstaub (Atemluft, Putzen des Felles und der Haut) auf. Im Mittel ist Hausstaub mit 7,7 Mikrogramm Phthalaten pro Gramm Hausstaub belastet. Es besteht eine direkte Beziehung, d.h. je höher der Gehalt an Phthalaten im Hausstaub ist, desto höher ist er auch im Blut bei Hunden und Katzen.

Phthalate führen zu Veränderungen

- auf der Signalebene (z. B. Follikelstimulierendes Hormon, FSH)
- des Hormonspiegels (z. B. Testosteron)
- metabolischer Funktionen (z. B. Lipidstoffwechsel)

Toxisches Prinzip

Toxische Wirkungen sind

- Proliferation von Mitochondrien
- Synthese von Enzymen
- Erhöhung der DNA-Synthese und Mitoserate
- Hemmung der Apoptose (physiologischer Zelltod)
- Hemmung der interzellulären Kommunikation

Ihr toxischer Einfluss auf die Reproduktion

- Hemmung spezieller Zellen des Hodens (Sertolizellen), Hemmung spezieller Zellen der Eierstöcke (Granulosazellen).

Bei Embryonen und Föten wurden beschrieben

- Verringerung des Geburtsgewichtes/ Hodengewichtes
- Embryotoxizität / Letalität
- Missbildungen verschiedener Strukturen und Organe

Symptome einer Intoxikation

Direkte klinische Symptome sind selten.
Phthalate werden durch die chronische Belastung wirksam.

Symptome einer chronischen Phthalatbelastung können sein

- Störung der Leberfunktion
- Störung der Nierenfunktion
- Störung der Fruchtbarkeit
- Fruchttod (Totgeburt)
- Missbildungen bei Föten
- Störungen der Entwicklung bei Jungtieren

Therapeutische Prinzipien

Eine Therapie findet normalerweise nicht statt.
Bei entsprechenden Verdachtsfällen, beispielsweise im Hinblick auf die Fortpflanzungsfähigkeit von Hunden und Katzen, ist der Nachweis von Phthalaten im Urin möglich.

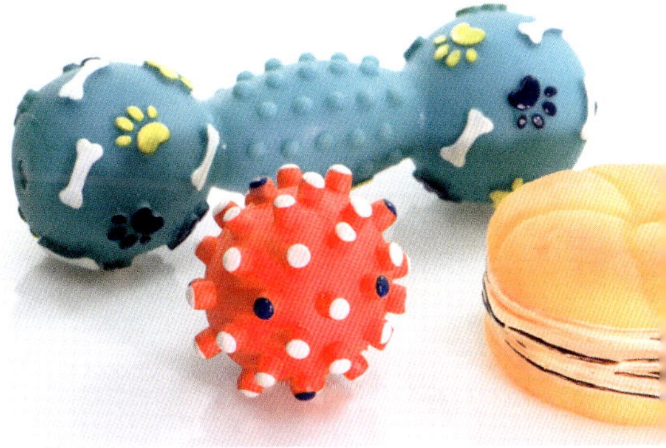

Weichmacher sind leider immer noch verbreitet in vielen Hundespielzeugen aus Kunststoff enthalten. Aber auch in Haushaltsmitteln zugesetzten Duftstoffen kommen Phtalate vor.

Es kann versucht werden, durch persönliche Sorgfalt im Hinblick auf die Verwendung phthalathaltiger Produkte die Belastung im Haushalt zu reduzieren.
Während beispielsweise bestimmte phthalathaltige Stoffe (Vinyl) nicht mehr für die Herstellung von Kinderspielzeug zugelassen sind, findet Vinyl bei der Herstellung von Spielzeug und sonstigen Utensilien für Hunde und Katzen weiterhin Verwendung.

Prognose

Die Prognose bei Hunden und Katzen für das Leben der Tiere ist gut.

Quellen

Weichmacher. Umwelt Bundesamt. https://www.umweltbundesamt.de/themen/gesundheit/umwelteinfluesse-auf-den-menschen/chemische-stoffe/weichmacher#was-sind-weichmacher aufgerufen am 08.07.2021.

Mersch-Sundermann V. Toxikologie der Phthalate. Internationale, peerreviewte Publikationen zu Phthalaten und DEHP (1975–2005). BadNauheim: Akademie für ärztliche Fortbildung und Weiterbildung der Landesärztekammer Hessen; 2005.

Norrgran Engdahl J, Bignert A, Jones B, Athanassiadis I, Bergman Å, Weiss J M. Cats' internal exposure to selected brominated flame retardants and organochlorines correlated to house dust and cat food. Environmental science & technology. 2017; 51(5): 3012–3020.

Lea RG, Byers AS, Sumner RN, Rhind SM, Zhang Z, Freeman SL, England, G. C. Environmental chemicals impact dog semen quality in vitro and may be associated with a temporal decline in sperm motility and increased cryptorchidism. Scientific reports. 2016; 6(1): 1–14.

https://www.whole-dog-journal.com/

2.6.4 Frostschutzmittel (Ethylenglykol)

In Westeuropa werden jährlich ca. 2.941.000 t Ethylenglykol (EG), 481.000 t Propylenglykol (PG) und 800.000 t Ethylenglykolether und Acetate hergestellt.
Es findet Verwendung als Frostschutzmittel, Enteisungsmittel, Lösungsmittel, als Bremshydraulikflüssigkeit und in letzter Zeit auch als sogenannte „Cold/Hot-Packs" (Kompressen zur Kälte- resp. Wärmebehandlung).

Wirkungsmechanismus

Ethylenglykol schmeckt süß und wird deshalb insbesondere von Hunden ohne weiteres aufgenommen und sehr schnell und nahezu vollständig resorbiert.
Ethylenglykol wirkt reizend auf Schleimhäute und Augen. Nach der Resorption wirkt es auf das Nervensystem zunächst erregend, bei hohen Dosen später narkotisch und toxisch.
Weitere toxische Wirkungen betreffen den Stoffwechsel, das Herz-Kreislauf-System und die Nieren.

Toxisches Prinzip

Die toxischen Auswirkungen von Ethylenglykol werden insbesondere durch seinen Abbauprodukte Glykolaldehyd, Glykolsäure und Oxalate sowie Glykolsäure im Körper hervorgerufen.
Glykolaldehyd schädigt das Herz-Kreislauf-System. Glykolsäure trägt zur Entwicklung einer metabolischen Azidose bei und die Oxalatkristalle schädigen die Nieren.
Die minimale LD (letale/tödliche Dosis) von unverdünntem Ethylenglykol beträgt 6,6 ml/kg Körpergewicht beim Hund und 1,5 ml/kg bei der Katze.
Die orale mittlere letale/tödliche Dosis (LD50) von Diethylenglykol liegt bei 10 ml/kg Körpermasse.

Symptome einer Intoxikation

Als Folgen der toxischen Wirkung von Ethylenglykol kommt es bei Hunden und Katzen zunächst zu

- Erregung
- Erbrechen
- Ataxie (unsicherem Gang) und
- Benommenheit

Weitere Stoffwechselprozesse verstärken die Hirnschäden, gefolgt von

- Muskelzuckungen
- Krämpfen
- Koma
- Schock (Kreislaufversagen)

Mit der Verstoffwechselung treten innerhalb 4–24 Stunden

- metabolische Azidose
- Herz-Kreislauf-Störungen
    - Beschleunigung von Puls
    - erhöhter Blutdruck
    - Herz-Kreislauf-Versagen
- epileptiforme Anfälle
- anfangs beschleunigte Atmung
- später Atemlähmung
- Multiorganversagen

auf.

Die im Verlauf der Verstoffwechslung von Ethylenglykol entstehenden Calciumoxalatkristalle schädigen die Nieren, was in einem Nierenversagen münden kann.
Die Nierenschädigungen zeigen sich nach 24–72 Stunden.

Therapeutische Prinzipien

Die **Dekontamination** zielt auf das Entfernen von Ethylenglykol bei äußerer Kontamination (Augen, Haut, Fell, Pfoten) durch intensives Spülen, Waschen, Duschen oder Baden.
Die Dekontamination aus dem Magen-Darm-Trakt erfolgt durch Auslösen von Erbrechen, Magenspülungen und der Beschleunigung der Darmentleerung.
Die Eingabe von Aktivkohle ist nicht angezeigt, da Ethylenglykol durch Aktivkohle nicht gebunden wird.
Als **Antidot** fungieren bei Hunden und Katzen in der Anfangsphase (5–6 h) einer Intoxikation Ethanol (Alkohol) und 4-Methylpyrazol (Fomepizol).

Das in Frostschutzmitteln enthaltene Ethylenglykol schmeckt süß und wird deshalb insbesondere von Hunden gerne aufgenommen.

Die zur Verstoffwechslung des Ethylenglykols notwendige Alkoholdehydrogenase hat zu Ethanol bzw. zu 4-Methylpyrazol eine höhere Bindungsneigung als zu Ethylenglykol. Infolgedessen wird die Verstoffwechslung von Ethylenglykol gehemmt und unverstoffwechselt über die Nieren ausgeschieden.
Eine sich anschließende intensivmedizinische Behandlung hat die Stabilisierung der **Vitalfunktionen** zum Ziel.
Die Azidose wird mittels Bicarbonatinfusionen bekämpft.
Zur **symptomatischen Therapie** gehören die Bekämpfung von Erbrechen, eine antibiotische Versorgung bei Schleimhautläsionen und die Optimierung der Körpertemperatur.

Prognose

Die Prognose ist bei rechtzeitigem Eingreifen gut.

Quellen

Prinz, J., Böll, B., von Bergwelt, M. Et al. (2019). Intoxikation nach Frostschutzmittelaufnahme. Medizinische Klinik-Intensivmedizin und Notfallmedizin, 114(2), 159–163.

Dingels, C., Schömer, M., & Frey, H. (2011). Die vielen Gesichter des Poly (ethylenglykol) s: Von der Kosmetik zum Ionenleiter. Chemie in unserer Zeit, 45(5), 338–349.

2.7 Rattengift

Wirkungsmechanismus

Es gibt verschiedene Stoffe, die zur Bekämpfung von Ratten und Mäusen eingesetzt werden.
Meist handelt es sich um Stoffe, die die Blutgerinnung durch Hemmung der Vitamin-K-Wirkung im Zusammenspiel mit verschiedenen Gerinnungsfaktoren in der Leber massiv schädigen.
Die Blockierung im Blutgerinnungssystems führt nach Verbrauch der noch vorhandenen Gerinnungsfaktoren zu multiplen Hämorrhagien (Blutungen im Körper). Die Folge ist ein Verbluten der Nager.
Die Wirkung kann je nach aufgenommener Menge infolge der noch vorhandenen Gerinnungsfaktoren verzögert nach zwei bis fünf Tagen eintreten und über zwei bis vier Wochen anhalten.
Die Stoffe werden als langwirkende Antikoagulanzien bezeichnet (LWA).
Da bekanntermaßen ein spezieller Gerinnungsfaktor als erster verbraucht ist (Halbwertszeit vier bis sechs Stunden), kann man seinen Abfall bei dem Verdacht einer Rattengiftintoxikation sehr gut zur Frühdiagnostik nutzen, auch wenn sonst noch keine Symptome vorhanden sind.

Toxisches Prinzip

Die zur Rattenbekämpfung eingesetzten Produkte hemmen die Vitamin-K-Synthese in der Leber und lassen dadurch dessen Spiegel im Organismus abfallen.
Einige Gerinnungsfaktoren benötigen zu ihrer Synthese Vitamin K. Bei einem Mangel an Vitamin K ergibt sich daher auch ein Mangel an diesen Gerinnungsfaktoren.
Die Geschwindigkeit des Wirkungseintrittes und die Wirkdauer der Gifte sind abhängig von der aufgenommenen Menge.
Die Wirkdauer kann sich über Wochen hinziehen.

Symptome einer Intoxikation

Bei den aktuell zur Rattenbekämpfung eingesetzten Stoffen tritt die Wirkung verzögert ein. Treten die ersten Symptome ein, liegt die Giftaufnahme bereits drei bis sieben Tage zurück.

Die Symptome sind zunächst unspezifisch wie

- Apathie
- Appetitlosigkeit
- Speicheln
- Erbrechen
- Durchfall
- unsicherer Gang

Später kommt es zu mehr oder weniger ausgeprägten

- inneren und äußeren Blutungen
- blassen Schleimhäuten mit Blutflecken (Petechien)
- Anämie
- Nasenbluten
- Blut im Urin
- Blutungen aus Wunden, langanhaltend
- blutiger Husten
- Blutungen in Gelenken, verbunden mit Schwellungen
- Umfangsvermehrung des Bauches infolge von Blutansammlungen
- Lähmungen
- Krampfanfälle

Die Blutungen können in allen Organen auftreten.
Auch ein plötzlicher Tod, ohne dass es vorher zu klinischen Zeichen gekommen ist, ist möglich.

Therapeutische Prinzipien

Da verschiedene Produkte mit unterschiedlichen Inhaltsstoffen zur Rattenbekämpfung eingesetzt werden, ist es für die Beurteilung einer Intoxikation sehr hilfreich, wenn die Produktbezeichnung und der Hersteller bekannt sind.
Wichtig ist auch, ob es sich um einen Fertigköder, einen angemischten Köder oder um ein Konzentrat handelt.
Produkte, die nicht antikoagulierende (blutgerinnungshemmende) Wirkstoffe enthalten, entfalten ihre toxische Wirkung, indem sie das Nervensystem schädigen (z. B. Bromethalin) oder den Calciumspiegel im Blut erhöhen, was zu Nieren-, Leber- oder Herzversagen führt (z. B. Cholecalciferol). Sie führen bei der Aufnahme durch Nager innerhalb weniger Stunden zum Tod und sind dadurch seltener eine Vergiftungsquelle für Wildtiere.

Nach der Aufnahme von Rattengift kann die Wirkung erst verzögert auftreten.

Für Hunde und Katzen bleiben sie gefährlich mit dem zusätzlichen Nachteil, dass kein Antidot zur Verfügung steht.
Bei dem Verdacht der Aufnahme von Rattengift oder der frisch beobachteten Aufnahme ist eine **Dekontamination** mit Magen- und Darmentleerung sowie die Gabe von Aktivkohle erfolgversprechend.
Bei bereits vorliegenden klinischen Symptomen einer Gerinnungsstörung oder bei entsprechenden Laborbefunden der Gerinnungsdiagnostik ist eine Dekontamination nicht mehr sinnvoll.
Die Therapie besteht in einer hochdosierten Vitamin K1-Gabe **(Antidot)** bis zum Abklingen der Symptome.
Meist ist nach anfänglicher Gabe von Gerinnungsfaktoren (Plasmatransfusion) und intravenöser Vitamin K1-Substitution eine Weiterführung der Therapie mit oralen Vitamin-K1-Gaben möglich.
In schweren Fällen kann auch direkt die Gabe von Gerinnungsfaktoren (Plasmatransfusionen) notwendig sein.
Die Therapie muss langanhaltend bis zum Abklingen der Symptome durchgeführt werden.
Meist ist nach anfänglicher Gabe von Gerinnungsfaktoren (Plasmatransfusion) und intravenöser Vitamin K1-Substitution eine Weiterführung der Therapie mit oralen Vitamin-K1-Gaben notwendig.
Die Therapie muss teilweise über Wochen aufrechterhalten werden. 48 Stunden nach Absetzen der Vitamingabe wird ein Gerinnungstest durchgeführt. Sind die Werte noch pathologisch, wird die Vitamingabe erneut aufgenommen.
Darüber hinaus erfolgt die **Therapie symptomatisch**. Die Vitalfunktionen sind zu sichern. Bei starkem Blutverlust sind Bluttransfusionen notwendig, die gleichzeitig auch Gerinnungsfaktoren liefern. Meist ist eine antibiotische Abschirmung angezeigt.

Prognose

Die Prognose ist bei rechtzeitiger und konsequenter Therapie gut.

Prophylaxe

Die Methoden der Bekämpfung von Ratten und Mäusen führen zu einem schmerzhaften, langsamen und qualvollen Tod der Nager. Die Methoden sind unmenschlich.
Die Prophylaxe haben wir weitgehend selbst in der Hand.

- Rattengift nur in Köderstationen, ohne Zugang für Kinder und Haustiere
- hygienische Maßnahmen zur Nagerbekämpfung
- sichere Müllentsorgung
- natürliche Feinde der Ratten und Mäuse fördern
- Lebendfallen
- Schnappfallen, die die Tiere sofort töten

Neben der Gefährdung unserer Kinder und Haustiere führen die üblichen Methoden der Nagerbekämpfung zu einer Gefährdung von Wildtieren wie Vögel, Iltisse, Wildkatzen und Füchse.
Laut einer Studie in Australien sind vergiftete Mäuse und Ratten zu 50 % die Ursache von Todesfällen bei Eulen.

Quellen

Gerinnungshemmendes Rattengift. Informationszentrale gegen Vergiftungen, Universitätsklinikum Bonn. https://gizbonn.de/giftzentrale-bonn/archiv/gerinnungshemmendes-rattengift aufgerufen am 08.07.2021.

What are the risks to my cat or dog from rat bait? RSPCA knowledgebase. https://kb.rspca.org.au/knowledge-base/what-are-the-risks-to-my-cat-or-dog-from-rat-bait/ aufgerufen am 08.07.2021.

Dorman DC (1990). Anticoagulant, cholecalciferol, and bromethalin-based rodenticides. Veterinary Clinics of North America: Small Animal Practice. 1990; 20(2): 339–352.

2.8 Insektizide und Gartenprodukte

Zu den Insektiziden gehören auch Floh- und Zeckenprodukte. Die Dosierungen sollten peinlich genau eingehalten werden, das heißt Tropfen, Halsbänder usw., die für große Hunde gedacht sind, dürfen nicht für kleine Hunde und Produkte, die für Hunde gedacht sind, keinesfalls für Katzen verwendet werden. Produkte für Hunde enthalten oft Pyrethrine, die für Katzen giftig sind.

2.8.1 Schneckengift (Molluskizide)

Wirkungsmechanismus

Schneckengift oder Schneckenkorn enthält in der Regel Metaldehyd. Dieses ist hochgiftig für Hunde und Katzen und kann zu tödlich verlaufenden Vergiftungen führen.
Methaldehyd wird im Magen-Darm-Trakt teilweise in Stoffe umgebaut, die über die Nieren ausgeschieden werden können. Ein Teil wird jedoch resorbiert und ist in der Lage, die normal vorhandene Blut-Hirn-Schranke zu überwinden und verursacht schwere neurologische Symptome.

Toxisches Prinzip

Metaldehyd hat Einfluss auf die Aktivität von Neurotransmittern. Die Aktivität der Neurotransmitter GABA (Gamma-Aminobuttersäure), Norephedrin und Serotonin wird vermindert, was mit Erregungszuständen verbunden ist.
Der damit einhergehende Tremor kann zu einer kritischen Erhöhung der Körpertemperatur und Verschärfung der stoffwechselbedingten metabolischen Azidose führen.

Ein Gramm Schneckenkorn enthält 60 mg Methaldehyd.
Die akute mittlere letale/tödliche Dosis (LD50) bei oraler Aufnahme für Metaldehyd beträgt 100 mg/kg Körpergewicht für Hunde und 207 mg/kg für Katzen.
Mit Zeichen einer Intoxikation ist bei einem fünf Kilo schweren Hund nach der Aufnahme von circa einem Esslöffel Schneckenkorn zu rechnen.
Als mittlere letale Dosis (LD50) werden 11,8 g Schneckenkorn / kg Körpermasse angegeben.

Symptome einer Intoxikation

Zwischen der Aufnahme von Schneckenkorn und dem Auftreten von Symptomen vergehen durchschnittlich drei Stunden.

Als Symptome treten auf

- Reizung der Schleimhäute des Magen-Darm-Traktes
- Erregungszustände
- Angstzustände
- Koordinationsstörungen
- Muskelzittern
- Krämpfe
- Ataxie
- Hyperthermie (Erhöhung Körpertemperatur) infolge des Tremors
- Metabolische Azidose
- Erhöhung der Atemfrequenz
- Tod durch Atemversagen

Bereits zwei Stunden nach Aufnahme kann der Tod eintreten.

Schneckenkorn ist sowohl für Hunde als auch für Katzen hochgiftig.

Therapeutische Prinzipien

Ein direktes **Antidot** gibt es nicht.
Die **Dekontamination** betrifft den Magen-Darm-Trakt.
Sofern zu beurteilen, sollte eine Dekontamination bei einer Aufnahme von Metaldehyd ab 2 mg/kg Körpermasse erfolgen, bei unklaren Verhältnissen jedoch auch vorsorglich.
Erbrechen kann ausgelöst werde, wenn die Aufnahme von Schneckenkorn erst 30 Minuten zurückliegt und vor allem noch keine Krämpfe auftreten.
Sind vermutlich große Mengen Schneckenkorn aufgenommen worden, ist unter Allgemeinanästhesie eine wiederholte Magenspülung sinnvoll.
Die **symptomatische Therapie** betrifft in erster Linie die Kontrolle des Tremors und der Krämpfe und in diesem Zusammenhang die Überwachung der Körpertemperatur.
Bei den Vitalfunktionen ist insbesondere der Wasser-Elektrolythaushalt und der Säure-Basenhaushalt von Bedeutung.

Initial sind demnach angezeigt

- Beruhigungsmittel
- Antikonvulsiva (krampflösende Mittel)
- Anästhetika
- intravenöse Flüssigkeitssubstitution
- Korrektur der metabolischen Azidose

Die weitere Therapie richtet sich nach den sonstigen Symptomen wie Erbrechen.

Prognose

In einer Auswertung zu 772 gemeldeten Fällen, wo Hunde Schneckenkorn gefressen hatten, zeigten 21,7 % keine Symptome, 61,7 % der Hunde erholten sich und 16,6 % der Hunde starben oder wurden eingeschläfert.
Die Prognose ist demnach als vorsichtig einzuschätzen.

Quellen

Metaldehyd- Kleintier. CliniTox Institut für Veterinärpharmakologie und -toxikologie, Zürich https://www.vetpharm.uzh.ch/CLINITOX/TOXDB/KLT_010.HTM?Submit=done aufgerufen am 08.07.2021.

Bates NS, Sutton NM, Campbell A. Suspected metaldehyde slug bait poisoning in dogs: a retrospective analysis of cases reported to the Veterinary Poisons Information Service. Veterinary Record. 2012; 171(13): 324–324.

Dolder LK. Metaldehyde toxicosis. Veterinary Medicine. 2003; 98(3): 213–215.

2.8.2 Ameisenköder

Für Ameisenköder finden über 30 Insektizide Verwendung.
Die häufigsten sind Fipronil, Permethrin und Spinosad. Auch Borsäure ist Bestandteil vieler neuerer Ameisenköder.
Oft haben die Ameisenköder einen süßen Geschmack, da als Lockstoffe Honig oder Zucker verwendet werden.
Sie können so insbesondere für Hunde attraktiv sein.
Spinosad wird auch bei Hunden und Katzen als oral anzuwendendes Mittel gegen Flöhe eingesetzt.

Wirkungsmechanismus

Spinosad wird nach oraler Aufnahme schnell resorbiert und im gesamten Organismus verteilt. Auch die Verstoffwechselung erfolgt schnell und die Ausscheidung der Stoffwechselprodukte erfolgt vorrangig über den Kot.
Ein weiterer Wirkstoff in Ameisenködern kann **Borsäure** sein.

Borsäure ist eine sehr schwache Säure, dadurch wenig reizend und relativ wenig toxisch.
Bei oraler Aufnahme wird Borsäure rasch resorbiert, ebenso auch über eine geschädigte Haut (Wunden).
Borsäure wird im Körper nicht verstoffwechselt, sondern im Wesentlichen über die Nieren ausgeschieden. Die Halbwertszeit beträgt im Blutserum circa zehn Stunden. Eine bereits vorliegende Nierenerkrankung kann die Ausscheidung erschweren und je nach dem Ausmaß der Vorschädigung die Halbwertszeit entsprechend erhöhen.
Infolgedessen kann es zu Schäden im Gehirn, den Nieren und der Leber kommen.
Die mittlere letale/tödliche Dosis (LD50) bei Hunden beträgt 2000 mg Borsäure/kg Körpermasse.

Toxisches Prinzip

Spinosad greift aktiv in die Reizleitung ein.
Es bewirkt eine permanente Aktivierung spezieller Rezeptoren und Neurotransmitter im Gehirn (Acetylcholinrezeptoren, GABA) und hat dadurch unwillkürliche Muskelkontraktionen und Tremor zur Folge.
Spinosad reichert sich in der Milch an.

Symptome einer Intoxikation

Bereits eine Stunde nach der Aufnahme ist mit Symptomen einer Intoxikation zu rechnen:

- Würgen
- Erbrechen
- Durchfall, teils blutig
- Muskelzittern (Tremor)
- Lethargie
- Schwäche
- Ataxie
- Krampfe

Die Neigung zu epileptiformen Anfällen wurde insbesondere bei Hunden mit einer entsprechenden Vorgeschichte gehäuft beobachtet.

Therapeutische Prinzipien

Heutige Ameisenköder sind wenig toxisch. Nur bei der Aufnahme großer Mengen kann es zu Intoxikationszeichen kommen. Ein **Antidot** gibt es nicht.
Eine **Dekontamination** ist nur in den seltensten Fällen notwendig. Lediglich bei Hunden, die an epileptiformen Anfällen leiden, sollte sie erfolgen.
Die **Therapie ist symptomatisch** und betrifft in erster Linie Maßnahmen zur Linderung von allgemeinen Beschwerden.

Zu den unterstützenden Maßnahmen gehören

- Unterbrechen des Erbrechens
- Therapie von Bauchschmerzen
- Therapie von Krämpfen

Prognose

Die Prognose ist sehr gut.

Quellen

Mlejnek S, Wagner R. Flohallergie. Veterinärspiegel. 2014; 24(04): 169–180.

Comfortis Kautabletten (Spinosad). CliniTox Institut für Veterinärpharmakologie und -toxikologie, Zürich https://www.vetpharm.uzh.ch/tak/old/06000000/00065290.03 aufgerufen am 08.07.2021.

Borsäure [MAK Value Documentation in German language, 1991] 1991. Documentations and Methods First published: 31 January 2012 https://doi.org/10.1002/3527600418.mb1004335d0017

2.9 Garten- und Zimmerpflanzen, Algen

Eine umfassende Auflistung von für Hunde und Katzen giftigen und ungiftigen Pflanzen wurde bei der ASPCA (Amerikanischen Gesellschaft zur Verhütung von Tierquälerei) zusammengestellt. https://www.aspca.org/pet-care/animal-poison-control/dogs-plant-list
Nicht alle aufgeführten Pflanzen sind für unsere Hunde und Katzen gleichermaßen relevant, sodass hier nur auf einen kleinen Teil der genannten Pflanzen eingegangen werden soll.

Giftpflanzen werden in der Veterinär-Toxikologie eingeteilt in

- schwach giftig (+)
- giftig +
- stark giftig ++
- sehr stark giftig +++

Da Hunde und Katzen keine Pflanzenfresser sind und in der Regel nur geringe Mengen an Pflanzen aufnehmen, werden in dieser Dokumentation nur stark giftige Pflanzen ++ und sehr stark giftige Pflanzen +++ aufgeführt. 2.9
Bei diesen Garten- und Zimmerpflanzen ist zu bedenken, ob sie im eigenen Garten, wenn er für Hunde und Katzen zugänglich ist, oder als Zimmerpflanzen und in Blumensträußen Verwendung finden sollten.

2.9.1 Giftige Gartenpflanzen

Adonisröschen *(Adonis vernalis)* ++

Adonisarten zählen zu den stark giftigen Pflanzen. Alle Pflanzenteile sind giftig.

Wirkungsmechanismus

Die toxischen Bestandteile bei Adonisarten sind herzwirksame Glykoside, die darüber hinaus die Schleimhaut des Magen-Darm-Traktes reizen.

Toxisches Prinzip

Ihre spezielle Wirkung auf das Herz sind Schäden an den Herzmuskelzellen, verbunden mit Herzrhythmusstörungen und gegebenenfalls Tod durch Herzstillstand.

Symptome einer Intoxikation

Lokale Reizungen des Magen-Darm-Traktes sowie Wirkungen auf den Herzmuskel (Herzrhythmusstörungen) mit den sich daraus ergebenden Folgen stehen im Vordergrund.

Dazu zählen

- Übelkeit
- Erbrechen
- Durchfall
- Benommenheit
- Taumeln
- Krämpfe
- Atemnot

Adonisröschen
(Adonis vernalis)

Bereits 0,02 g/kg Körpermasse des Giftes führen zu Erbrechen und Durchfall.
Die letale/tödliche Dosis (LD) liegt bei Katzen bei intravenöser Injektion des Adonitixins bei 0,19 mg/kg Körpermasse und beim Hund bei 0.7 – 1.25 mg/kg Körpermasse.

Therapeutische Prinzipien

Ein **Antidot** gibt es nicht.
Eine **Dekontamination** ist in der Regel nicht notwendig.
Die **Therapie ist symptomatisch**.

Prognose

Die Prognose ist sehr gut.

Quellen

Susan G. Wynn, Barbara J. Fougère, CHAPTER 20 - Veterinary Herbal Medicine: A Systems-Based Approach, Editor(s): Susan G. Wynn, Barbara J. Fougère, Veterinary Herbal Medicine, Mosby, 2007, Pages 291-409, ISBN 9780323029988, https://doi.org/10.1016/B978-0-323-02998-8.50024-X.

Monografie der Kommission E, Bundes-Anzeiger Nr. 22a vom 05.05.1990.

Alpenrose *(Rhododendron spp.)* ++

Alpenrosen sind in allen Pflanzenteilen stark giftig.

Wirkungsmechanismus

Die toxisch wirkenden Diterpene (Andromedotoxine, Grayanotoxin I, Acetylandromedol) schädigen insbesondere die Schleimhaut des Magen-Darm-Traktes, das Nervensystem und das Herz.

Toxisches Prinzip

Diterpene (Andromedotoxine) kommen in verschiedenen Pflanzengattungen wie Rhododendron und Kalmia vor.
Die Toxine beeinflussen die Erregungsübertragung an Nerven und Muskelzellen. Durch eine Hemmung deren Inaktivierung ergibt sich eine herabgesetzte Reizschwelle der Nervenzellen und eine Übererregbarkeit der abgehenden (afferenten) Nerven.
Einer Stimulation des Nervus vagus bewirkt den Abfall der Herzfrequenz (Bradykardie) und des Blutdruckes sowie die Symptome im Magen-Darm-Trakt.
Der Effekt ist dosisabhängig.
Am Herzmuskel selbst bewirken die Toxine zunächst eine Steigerung der Kontraktilität des Herzmuskels, darüber hinaus jedoch auch eine Neigung zu Rhythmusstörungen bei gleichzeitiger Erhöhung der Herzfrequenz (Tachyarrhythmien).
Am zentralen Nervensystem wirken die Toxine dämpfend.
Intravenöse Toxingaben führten bei Hunden bei einer Dosierung von fünf bis zehn µg/kg Körpermasse zu einem 20- bis 40%igen Blutdruckabfall.
Bei narkotisierten Katzen wurde der arterielle Blutdruck nach i. v. Injektionen von 0,01 mg/kg Körpermasse Toxin um 35% gesenkt und die Herzfrequenz in der gleichen Größenordnung verlangsamt.

Alpenrose (Rhododendron spp.)

Symptome einer Intoxikation

Die Symptome treten circa eine Stunde nach der Aufnahme des Toxins auf.

Die den Magen-Darm-Trakt betreffenden Symptome sind

- Appetitlosigkeit (Anorexie)
- Hecheln
- Speichelfluss
- Taumeln
- Erbrechen
- Blähungen
- Durchfall oder Verstopfung

2.9

Die über das Nervensystem vermittelten Auswirkungen sind in erster Linie

- Apathie
- Taumeln (Ataxie)
- Blutdruckabfall
- Kurzandauernde Bewusstlosigkeit (Synkopen)
- Abfall Herzfrequenz (Bradykardie)
- Herzrhythmusstörungen
- Aggressivität
- Krämpfe

Im Endstadium kommt es zu

- Seitenlage
- Schwäche
- Kollaps
- Koma

Die toxische Dosis (TD) für Hunde beträgt 0.3 mg/kg Andromedotoxine bzw. ein bis zwei Rhododendronblätter.

Therapeutische Prinzipien

Ein **Antidot** gibt es nicht.
Ein Teil der toxischen Effekte kann durch Atropingaben aufgehoben werden.
Bei frischer Aufnahme ist die **Dekontamination** mit voller Konsequenz anzustreben.
Auslösen von Erbrechen, Magenspülung, wiederholte Gabe von Aktivkohle und eine beschleunigte Darmentleerung durch die Gabe von Glaubersalz sind je nach Ausgangssituation auszuschöpfen.
Danach erfolgt eine notfallmäßige **symptomatische Therapie** mit Stabilisierung der Vitalfunktionen, Schmerzmedikation, Antiemetika und Lipidinfusionen zur Toxinbindung.

Prognose

Die Prognose ist vorsichtig zu stellen.
Da Hunde und Katzen durch Spielen und Knabbern in der Regel eher nur wenig Pflanzenteile aufgenommen haben, ist die Prognose bei diesen Tieren in der Regel gut.

Quellen

Moran NC, Dresel P, Perkins E, Richardson, AP. The pharmacological actions of andromedotoxin, an active principle from Rhododendron maximum. Journal of Pharmacology and Experimental Therapeutics. 1954; 110(4): 415–432.

Vergiftungsfälle durch Grayanotoxine in Rhododendron-Honigen aus der türkischen Schwarzmeerregion. Stellungnahme des BfR. https://mobil.bfr.bund.de/cm/343/vergiftungsfaelle_durch_grayanotoxine_in_rhododendron_honigen_aus_der_tuerkischen_schwarzmeerregion.pdf aufgerufen am 08.07.2021.

Buchsbaum *(Buxus sempervirens)* ++

Buchsbaum ist stark giftig. Die gesamte Pflanze ist giftig.

Wirkungsmechanismus

Das hauptsächlich toxisch wirkende Alkaloid ist Buxin.
Buxin wirkt entzündungsfördernd, zell- und nervenschädigend. Es wird gemäß der Toxinklassifizierung (toxisch bei Konzentrationen von 5 bis 50 mg/kg Körpermasse) als hochgefährlich und hochgiftig eingestuft.

Toxisches Prinzip

Es hat in höherer Konzentration eine reversible, destabilisierende Wirkung auf die Struktur der DNA (Erbgut) des Körpers, was zur Denaturierung fuhren kann. Wichtige Zellfunktionen können gestört werden.
Die Einzelheiten seiner toxischen Wirkung sind nicht endgültig geklärt.

Symptome einer Intoxikation

Buxin und seine Derivate wirken zuerst erregend, dann lähmend und blutdrucksenkend. Auch zytotoxische (zellschädigende) Effekte wurden nachgewiesen.

Die Symptome sind

- Erbrechen
- Durchfall
- Bauchschmerzen
- Übererregbarkeit
- Krämpfe
- Gleichgewichtsstörungen
- Lethargie
- Lähmungen

Buchsbaum (Buxus sempervirens)

- Blutdruckabfall
- Koma
- Tod durch Atemlähmung

Beim Hund beträgt die letale/tödliche Dosis (LD) 5 g Blätter/kg Körpergewicht. Die tödliche Dosis reinen Buxins beträgt 0,1 g/kg Körpermasse.

Therapeutische Prinzipien

Ein **Antidot** gibt es nicht.
Zu Beginn jeder Therapie bei Intoxikationen steht die **Dekontamination**, sofern sie vom zeitlichen Ablauf noch sinnvoll erscheint und sie der Schwere der Intoxikation angemessen ist.
Vergiftungen durch Buchsbaum sind bei Hund und Katze eher selten, und da Buxin bitter schmeckt, wird in der Regel auch nur wenig Substanz aufgenommen.
Die **Therapie ist symptomatisch** und dient der Linderung der Symptome des Magen-Darm-Traktes.

Prognose

Da meist nur geringe Mengen aus Trockensträußen oder ähnlichem aufgenommen werden, ist die Prognose sehr gut.

Quelle

Nowack R. Notfallhandbuch Giftpflanzen: ein Bestimmungsbuch für Ärzte und Apotheker. Berlin: Springer; 2013.

Christrose *(Helleborus niger)* +++

Die Christrose ist sehr stark giftig. Die gesamte Pflanze ist giftig. In der Wurzel sind die höchsten Konzentrationen an Toxinen enthalten. Bereits die Aufnahme weniger Pflanzenteile kann zu Intoxikationen führen.

Wirkungsmechanismus

Herzwirksame Glykoside, Saponine und Ranunculoside sind die hauptsächlich toxisch wirkenden Substanzen.
Während die Glykoside insbesondere die Herzfunktion negativ beeinträchtigen können (Herzrhythmusstörungen, Herzstillstand), bewirken die Saponine und Protoanemonine eine starke Reizung der Schleimhaut des Magen-Darm-Traktes sowie eine Schädigung des Nervensystems.

Toxisches Prinzip

Die giftigen Substanzen sind

- Herzglykoside (Helleborin, Hellebrin, Helleborein)
- Saponine
- Ranunculoside (Protoanemonin)

Während die Glykoside insbesondere die Herzfunktion negativ beeinträchtigen können, bewirken die Saponine und Protoanemonine eine starke Reizung der Schleimhaut des Magen-Darm-Traktes sowie eine Schädigung des Nervensystems.

Symptome einer Intoxikation

Vergiftungen durch die Aufnahme von Christrosen sind selten.

Die enthaltenen Herzglykoside sind vorrangig für die Intoxikation verantwortlich und bewirken

- verlangsamten Herzschlag (Bradykardie)
- Schwäche
- Herzrhythmusstörungen
- Kammerflimmern
- Asystolie (Herzstillstand)

Störungen im Nervensystem ergeben

- Delir
- Krämpfen
- Atemstillstand

Die zytotoxische Wirkung von Protoanemonin kann zu schweren lokalen Reizungen führen

- Schleimhautreizungen Maulhöhle
- Gastroenteritis
- Erbrechen
- Koliken
- Durchfall, teils blutig

Christrose *(Helleborus niger)*

Therapeutische Prinzipien

Ein **Antidot** gibt es nicht.
Die primäre **Dekontamination** durch Auslösen von Erbrechen, Magenspülung, mehrfache Gabe von Aktivkohle und Beschleunigung der Darmentleerung sind bei frischen Intoxikationen notwendig.
Die symptomatische Therapie stabilisiert die Organfunktionen und den Stoffwechsel und trägt zur Linderung der Symptome bei.

Prognose

Glykoside schmecken bitter, sodass von Hunden oder Katzen meist nur sehr wenig aufgenommen wird. Die Prognose ist gut.

Quellen

Schade F, Jockusch H. Christrose. In Betörend, berauschend, tödlich-Giftpflanzen in unserer Umgebung. Berlin: Springer; 2018. S 7-9.

Ranunculosides or Ranoculins. Cornell CALS. https://poisonousplants.ansci.cornell.edu/toxicagents/ranunculoside.html aufgerufen am 08.07.2021.

Gifte. Goethe Universität Frankfurt am Main. https://www.uni-frankfurt.de/55321205/Gifte aufgerufen am 08.07.2021.

Eibe *(Taxus baccata)* +++

Die Eibe ist sehr stark giftig. Giftige Bestandteile sind verschiedene alkaloidähnliche Stoffe.
Die hauptsächlich toxisch wirkenden Inhaltsstoffe in der Eibe sind Taxine und cyanogene Glykoside.
Die gesamte Pflanze enthält Gifte mit der höchsten Konzentration im Herbst und im Winter. Lediglich die rote, fleischige Samenhülle enthält kein Alkaloid.
Die Gifte werden auch über die Milch der Tiere ausgeschieden, die Eibenteile gefressen haben. Auf diesem Weg können die Toxine auch in Hunde und Katzen gelangen und Vergiftungssymptome auslösen.

Wirkungsmechanismus

Geschädigt werden insbesondere das Herz, das gesamte Nervensystem, die Muskulatur sowie die Schleimhaut des Magen-Darm-Traktes.

Toxisches Prinzip

Nach der oralen Aufnahme von Eibenbestandteilen beginnt die Resorption bereits über die Magenschleimhaut. Nach 30 Minuten bis einer Stunde nach der Aufnahme können erste allgemeine Symptome auftreten, die insbesondere den Magen-Darm-Trakt betreffen.
Danach treten die kardiotoxischen Wirkungen zu Tage mit anfangs deutlich erhöhter Herzfrequenz, danach jedoch deutlich erniedrigter Herzfrequenz infolge zunehmend gestörter Reizleitung am Herzen und Abnahme der Kontraktilität des Myokards (Herzmuskel).
Die letale Dosis bei oraler Aufnahme beträgt beim Menschen 0,6–1,3 g Eibennadeln pro kg Körpermasse. Geht man davon aus, dass 1 g Eibennadeln 5 mg Taxin enthalten, entspricht das 3,0–6,5 mg Taxin pro kg Körpermasse.
Die minimale LD50 (mittlere letale/tödliche Dosis) beim Hund liegt bei 2,3 Nadeln/kg Körpergewicht.
Taxin kann im Blut, Urin und in Gewebeproben nachgewiesen werden.

Symptome einer Intoxikation

Zunächst ist mit unspezifischen Allgemeinsymptomen zu rechnen

- Erbrechen
- Durchfall, teils blutig
- Bauchschmerzen
- Muskelschwäche
- Krämpfe
- Abfall der Körpertemperatur

Eibe *(Taxus baccata)*

Die typischen kardiotoxischen Auswirkungen auf die Erregungsleitung am Herzen (atrioventrikulären Blockbilder) und die Abnahme der Kontraktilität des Herzmuskels schließen sich an

- Tachykardie (Erhöhung der Herzfrequenz), initial
- Bradykardie (Abfall der Herzfrequenz)
- Hypotonie (Abfall des Blutdruckes)
- Kammerflimmern

Auswirkungen auf das Nervensystem zeigen sich durch

- geweitete Pupillen (Mydriasis)
- Nervosität
- Benommenheit
- Gleichgewichtsstörungen

Im Endstadium dominieren

- Atemnot
- Muskelzittern (Tremor)
- Seitenlage
- Krämpfe
- Koma

Der Tod tritt infolge eines Herzstillstandes oder infolge einer Atemlähmung ein. Der Verlauf einer Intoxikation mit Taxin kann perakut, also schnell auftretend und häufig tödlich, sein.

Therapeutische Prinzipien

Ein **Antidot** gibt es nicht.
In der Humanmedizin wird bei schweren Digitalisglykosid-Intoxikationen Digitalis-Antitoxin vom Schaf eingesetzt. Das Präparat wird aus den USA nur für spezielle Fälle in der Humanmedizin importiert. Es ist für Tiere nicht erhältlich.
Die **Dekontamination** ist auch noch einige Stunden nach der Aufnahme sinnvoll, da die Eibennadeln sehr lange im Magen-Darm-Trakt vorhanden sind.
Auslösen von Erbrechen, Magenspülung und die Gabe von Aktivkohle sind indiziert. Aktivkohle sollte mehrfach in Abständen von vier Stunden gegeben werden.
Die **Therapie ist symptomatisch**.
Die Überwachung und Optimierung der Vitalfunktionen sind notwendig.
Die Maßnahmen richten sich nach der individuellen Risikoabschätzung.
Im Vordergrund der therapeutischen Maßnahmen stehen die Kontrolle und Bekämpfung der kardiotoxischen Auswirkungen des Taxins.
Eine EKG-Überwachung ist dringend zu empfehlen. Je gravierender die EKG-Veränderungen (AV-Block) sind, umso höher ist auch die Sterblichkeitsrate.
An zweiter Stelle steht die Überwachung des Wasser-Elektrolythaushaltes sowie des Säure-Basenhaushaltes.
Neben den Rhythmusstörungen weisen die EKG-Veränderung häufig auf Störungen im Elektrolythaushalt hin (Hyperkaliämie).
Die vorliegende Kaliumkonzentration im Blut steht ebenfalls in direktem Zusammenhang mit der Sterblichkeitsrate.
Eine Übersäuerung des Körpers (metabolische Azidose) erhöht die Empfindlichkeit des Herzmuskels gegenüber Digitalisglykosiden.
Einer Hypotonie wird zunächst durch die Volumensubstitution begegnet und bei ausgeprägter Bradykardie ist Atropin indiziert.
Unter Umständen muss intubiert und beatmet werden.
Krämpfe können mit den gängigen Medikamenten (Benzodiazepine, Spasmolytika) initial behandelt werden. Ist das nicht ausreichend, sind intravenöse Kurzzeitnarkosen notwendig.

Prognose

Die Prognose ist vorsichtig zu stellen. Schwere Vergiftungen enden meist tödlich. Vor der Einführung des Digitalis-Antitoxin lag die Sterblichkeitsrate in der Humanmedizin bei Intoxikationen mit Digitalisglykosiden bei 20–30 %.

Quellen

Schulte T. Tödliche Vergiftung mit Eibennadeln (Taxus baccata). Archives of Toxicology,. 1975;34(2): 153–158.

Taxus baccata L., http://www.gifte.de/Giftpflanzen/taxus_baccata.htm aufgerufen am 08.07.2021.

Bonjour T, Varlet V, Augsburger M, Pagani JL, Pantet O. Die Eibe – eine mitunter tödliche Zierkonifere. In Swiss Medical Forum. 2019; 19 (1718): 303–305.

Oestermann S. Pflanzenvergiftungen im Wandel der Zeit Ein Überblick über Art, mögliche Ursachen und Therapie der Pflanzenvergiftungen vom 19. bis 21. Jahrhundert im deutschsprachigen Raum. Diss. Vet. Med., Medizinische Universität, Graz, 2019.

Digitalis. Tox Docs. http://toxdocs.de/2019/digitalis/ aufgerufen am 08.07.2021.

Eisenhut *(Aconitum napellus)* +++

Eisenhut ist eine der giftigsten Pflanzen in Europa. Alle Pflanzenteile sind sehr stark giftig. Die toxisch wirkenden Substanzen sind verschiedene Diterpenalkaloide (Aconitin) und Isochinolinalkaloide.

Wirkungsmechanismus

Geschädigt werden insbesondere die Haut und die Schleimhaut des Magen-Darm-Traktes sowie die Bindehäute.
Von den Organsystemen sind insbesondere das Herz-Kreislauf-System, das Nervensystem und die Nieren betroffen.

Toxisches Prinzip

Das Aconitin wird über die Haut und über Schleimhäute sehr leicht resorbiert und kann schnell das Gehirn erreichen. Es erhöht zunächst die Erregbarkeit von Nervenzellen und führt später zu Lähmungen.
Aconitin beeinflusst die Funktion des Herz-Kreislauf-Systems und verursacht Blutdruckabfall, Abfall der Herzfrequenz und Herzarrhythmien.
Die Arrhythmien sind auch teilweise Folge eines anticholinergen Effektes von Aconitin. Ein Herzstillstand ist möglich.

Symptome einer Intoxikation

Die lokale Reizung von Haut und Schleimhäuten äußert sich in

- Speichelfluss
- Erbrechen
- Durchfall, teils blutig
- Bauchkrämpfen

Die Auswirkungen auf das Nervensystem und das Herz sind

- Unruhe
- Ataxie
- Krämpfe
- Blutdruckabfall
- Abnahme der Herzfrequenz
- Herzrhythmusstörungen
- Lähmungen

Eisenhut *(Aconitum napellus)*

Der Verlauf einer Intoxikation ist sehr schnell. Bereits nach wenigen Minuten treten die ersten Symptome auf. Der Tod tritt durch Atemlähmung oder Herzstillstand ein.
Die LD (letale/tödliche Dosis) beträgt beim Hund 7.5 mg Aconitin/kg Körpermasse.
Die toxische Dosis, d. h. die Dosis, wo mit Symptomen zu rechnen ist, liegt je nach Größe des Tieres zwischen 2,5 und 5 g getrocknete Pflanze / kg Körpermasse.

Therapeutische Prinzipien

Eisenhutintoxikationen verlaufen haufig tödlich.
Ein spezielles **Antidot** gibt es nicht.
Die möglichst schnelle **Dekontamination** ist die wichtigste eventuell lebensrettende Maßnahme.
Da die Aufnahme des Giftes auch über die Haut möglich ist, ist zur Dekontamination eine gründliche Reinigung des Felles und der Haut besonders wichtig.
Ausgiebiges Abduschen und Schampunieren des Tieres schützt auch den Tierbesitzer vor dem eigenen Kontakt mit dem Pflanzengift über die Haut.
Es sollten Handschuhe getragen werden.
Auslösen von Erbrechen, Magenspülung, Aktivkohle in wiederholten Gaben und Beschleunigung der Darmpassage sind angezeigt.
Auch dabei ist auf die Schutzmaßnahmen der handelnden Personen zu denken. Ein direkter Kontakt mit Erbrochenem und dergleichen ist unbedingt zu vermeiden.
Die **symptomatische Therapie** beginnt unter Umständen mit der Reanimation und konzentriert sich danach vor allem auf die Therapie der Herzrhythmusstörungen.

Prognose

Intoxikationen mit Aconitin verlaufen häufig tödlich und führen teilweise nur wenige Stunden nach einer Giftaufnahme zum Tod des Tieres.

Quellen

https://www.vetpharm.uzh.ch/giftdb/pflanzen/0004_tox.htm

Stetzenbach M., Schnorbus B, Sagoschen I, Bleser W, Legner D, Stürer A. Reanimationspflichtige akute Eisenhutintoxikation in suizidaler Absicht. AINS-Anästhesiologie·Intensivmedizin· Notfallmedizin· Schmerztherapie. 2017; 52(09): 641–644.

Engelstrompete *(Brugmansia suaveolens)* +++

Engelstrompeten sind sehr stark giftig. Sie zählen zu den Nachtschattengewächsen, deren wichtigste Toxine Tropanalkaloide (Atropin, Scopolamin, Hyoscyamin) sind.
Weitere Nachtschattengewächse finden Sie auf S. 147.
Alle Tropanalkaloide werden nach oraler Aufnahme leicht und vollständig aus dem Magen-Darm-Trakt resorbiert, rasch im Gewebe verteilt und später, teils unverändert, über die Nieren ausgeschieden.

Wirkungsmechanismus

Geschädigt werden insbesondere das Herz und das Nervensystem. Es kommt zunächst zu Erregungszuständen und Krämpfen, später zu Bewegungsstörungen und Lähmungen sowie Atemnot. Lähmungen an der Muskulatur des Magen-Darm-Traktes und der Harnwege führen zu Verstopfungen und erschwertem Harnabsatz. In der Humanmedizin gilt bereits die Aufnahme weniger Blüten oder Blätter als toxisch.

Engelstrompete (Brugmansia suaveolens)

Toxisches Prinzip

Atropin

Atropin hemmt die Wirkung des Überträgerstoffes für die Nervenerregung zwischen der Nervenzelle und anderen Zellen.
Der Name des Überträgerstoffes ist Acethylcholin. Die Wirkung wird als anticholinerg bezeichnet.
Die anticholinerge Wirkung macht sich besonders bei den Verdauungsprozessen (Speichelsekretion, Tonus im Magen-Darm-Trakt und der Gallenblase), am Herzen und am ZNS bemerkbar.

Scopolamin

Scopolamin wirkt wie Atropin anticholinerg. Am ZNS wirkt es jedoch stark dämpfend und führt zur Apathie. Teilweise werden Krämpfe ausgelöst.

Hyoscyamin

Hyoscyamin ist eine Form des Atropins. Es wirkt ebenfalls spasmolytisch (entkrampfend) und führt wie Atropin zur Weitstellung der Pupillen (Mydriatikum). Es wirkt weniger auf das Herz, führt aber zu stärkeren Auswirkungen auf des Nervensytem.
Bei der Resorption höherer Dosen wirkt es auf das ZNS zunächst erregend bis hin zu Krämpfen.
Bei schweren Intoxikationen kommt es zur Muskelerschlaffung, Abfall der Körpertemperatur und letztlich zum Koma.

Der Tod tritt durch eine zentrale Atemlähmung ein.
Beim Menschen liegt die LD (letale/tödliche Dosis) bei 50–100 mg.

Symptome einer Intoxikation

- Speichelproduktion vermindert
- Darmperistaltik gehemmt (Spasmolyse, Darmträgheit)
- Harnverhalten
- Gallenblase, Tonus reduziert
- Weitstellung der Pupillen
- Tachykardie (Herzfrequenz erhöht)
- Erregung
- Desorientiertheit
- Apathie
- Krämpfe
- Atemlähmung

Therapeutische Prinzipien

Als **Antidot** kann der Cholinesterasehemmer Physostigmin eingesetzt werden.
Indem Physostigmin den Abbau von Acetylcholin hemmt, hebt es die Wirkung von Atropin auf, sodass wieder mehr Acetylcholin und auch für einen längeren Zeitraum zur Verfügung steht.
Die primäre **Dekontamination** sollte so schnell wie möglich erfolgen und alle sinnvollen Maßnahmen konsequent beinhalten. Diese sind Auslösen von Erbrechen, sofern das Tier ansprechbar ist und keine Krämpfe vorliegen, sowie die Magenspülung.
Im Anschluss sollte Aktivkohle wiederholt gegeben werden. Die Steigerung der Darmpassage nach der Gabe von Aktivkohle beschleunigt die Elimination.

Stechapfel (*Datura stramonium*)

Nachtschatten (*Solanum xanti*)

Tollkirsche (*Atropa belladonna*)

Alraun (*Mandragora officinarum*)

Bilsenkraut (*Hyoscyamus niger*)

Tollkraut (*Scopolia carniolica*)

Zur sekundären Giftelimination, das heißt die Elimination bereits resorbierter Gifte, dient eine Steigerung der Harnbildung durch Volumensubstitution und der Einsatz spezieller Medikamente (forcierte Diurese).

Die **symptomatische Therapie** dient der Stabilisierung der Vitalfunktionen und der Bekämpfung belastender Symptome wie Krämpfe, anhaltendes Erbrechen oder Schmerzen.

Prognose

Bei schweren Intoxikationen ist die Prognose vorsichtig zu stellen.

Quellen

Gifte der Nachtschattengewächse. ChemgaPedia. http://www.chemgapedia.de/vsengine/vlu/vsc/de/ch/8/bc/vlu/biotoxine/pflanzengifte.vlu/Page/vsc/de/ch/8/bc/biotoxine/nachtschatten.vscml.html aufgerufen am 08.07.2021.

Wink M. Anticholinergika. In Handbuch Psychoaktive Substanzen. Berlin: Springer; 2018.701–713.

Tong B, Schild M, Bickel R, Dierauer H. Tropanalkaloide in Biolebensmitteln. Forschungsinstitut für biologischen Landbau FiBL, 2017.

von Clarmann, M. Entgiftung. In Therapie innerer Krankheiten. Berlin: Springer; 1999. 1509–1547.

Fingerhut *(Digitalis purpurea)* +++

Fingerhut ist sehr stark giftig. Die Giftwirkung entsteht durch herzaktive Glykoside (Digitaloide). Es gibt circa 100 verschiedene herzwirksame Steroidglykoside oder Cardenolide.
Weitere Pflanzen, bei denen Herzglykoside für die toxische Wirkung verantwortlich sind, sind

- Maiglöckchen *(Convallaria majalis)* → S. 162
- Oleander *(Nerium oleander)*

Alle Teile der Pflanze gelten als giftig. Auch das Wasser in der Vase, in der Pflanzen stehen, ist giftig.
Die Toxine ähneln den in der Human- und Veterinärmedizin eingesetzten herzwirksamen Medikamenten Digitoxin und Digoxin. Die Entwicklung wirksamerer Wirkstoffe hat dazu geführt, dass diese Medikamente immer weniger Verwendung finden.

Wirkungsmechanismus

Herzglykoside beeinflussen den Ablauf der Kontraktion des Herzmuskels.

Toxisches Prinzip

Herzglykoside hemmen spezielle Enzyme (Natrium-Kalium-ATPase) in den Herzmuskelzellen, was zu Verschiebungen der Konzentrationen an Elektrolyten (Natrium, Kalium, Calcium) in der Herzmuskelzelle führt.
Der damit verbundene Anstieg von Calcium bewirkt eine Steigerung der Kontraktionskraft und der Kontraktionsgeschwindigkeit der Herzmuskelzelle.
Darüber hinaus verlangsamen Herzglykoside die Erregungsleitung in den Nervenbahnen des Herzens und führen auf diese Weise zu einer Reduktion der Herzfrequenz.

Mit steigender Konzentration der Glykoside im Blut nehmen die Effekte zu.
Zusätzlich kommt es zu Störungen im Magen-Darm-Trakt und im ZNS.
Zeichen einer Intoxikation, anfangs nur den Magen-Darm-Trakt betreffend, werden bei Hunden und Katzen ab einem Plasmaspiegel von ca. 2,5 ng/ml beobachtet.
Für den Hund gelten 5 getrocknete Blätter des Fingerhutes als tödlich.
Katzen sind gegenüber steigenden Plasmaspiegeln besonders empfindlich. Ursache ist die bei ihnen stark eingeschränkte Fähigkeit, bestimmte Stoffe über den Stoffwechselweg der Glukuronidierung abzubauen.
Hunde mit dem MDR-1-Gendefekt (Collie u. a.) sind ebenfalls besonders empfindlich gegenüber steigenden Plasmakonzentrationen.

Symptome einer Intoxikation

Die initialen Vergiftungssymptome sind

- Speicheln
- Erbrechen
- Durchfall, teils blutig
- Inappetenz
- Schwäche
- Gangunsicherheiten

Fingerhut *(Digitalis purpurea)*

Mit dem Fortschreiten einer Intoxikation kommt es zu Funktionsstörungen des Herzens

- Herzrhythmusstörungen
- Kammerflimmern
- Herzblock (gestörte Erregungsleitung im Nervensystem des Herzens)
- neurotoxische Effekte (Delirium)
- Tod durch Herzstillstand

Therapeutische Prinzipien

Das in der Humanmedizin zur Verfügung stehende **Antidot** Digi-Fab steht in Deutschland für die Tiermedizin nicht zur Verfügung.
Atropin hebt einen Teil der toxischen Wirkungen der Herzglykoside am Herzen auf.
Auch Lidocain und Phenytoin können zur Behandlung schwerer Herzrhythmusstörungen eingesetzt werden.
Die **Dekontamination** erfolgt durch die Entleerung des Magens und die Gabe von Aktivkohle. Da Herzglykoside mit der Galle ausgeschieden werden und im Darm erneut resorbiert werden (enterohepatischer Kreislauf), sollt die Gabe von Aktivkohle wiederholt erfolgen.
Die **symptomatische Therapie** betrifft insbesondere den Ausgleich von Störungen im Flüssigkeits-, Elektrolyt- und Säuren-Basenhaushalt, da diese die toxische Wirkung von Glykosiden am Herzen verstärken können.

Prognose

Wie immer ist die Prognose abhängig von der aufgenommenen Menge an Toxin (Pflanzenteilen) und einer schnellen und umfassenden Dekontamination. Da Herzglykoside bitter schmecken,

besteht die Wahrscheinlichkeit, dass nur wenig Pflanzenmaterial aufgenommen wurde.
Die Prognose ist im Allgemeinen gut. Die Symptome klingen in der Regel innerhalb von zwei bis drei Tagen ab.

Quellen

Digoxin. CliniTox Institut für Veterinärpharmakologie und -toxikologie, Zürich https://www.vetpharm.uzh.ch/wir/00002083/0755_08.htm aufgerufen am 08.07.2021.

Erdmann E (Hrsg). Therapie mit Herzglykosiden. Berlin: Springer;1983.

Heidenreich O. Extrakardiale Wirkungen der Digitalisglykoside. In Fortschritte in der Kardiologie. 1982: 47–55.

Goldregen *(Laburnum anagyroides, Laburnum x watereri)*

+++

Goldregen ist sehr stark giftig. Die gesamte Pflanze ist giftig. Besonders gefährlich sind jedoch die Samenstände. Sie weisen den höchsten Toxingehalt auf. Das Haupttoxin ist Cytisin.

2.9

Wirkungsmechanismus

Cytisin wirkt auf bestimmte Teile des zentralen Nervensystems. Anfangs ergibt sich ein allgemeiner Erregungszustand. Später kommt es zu Lähmungen. Cytisin wirkt ähnlich wie Nikotin, da es an den gleichen Rezeptoren ansetzt. Der Tod tritt durch Atemstillstand ein.
Allein das Kauen eines Astes könnte zum Tod eines Hundes führen.

Toxisches Prinzip

Cytisin wird im ZNS insbesondere im Bereich des Brech-, Vasomotoren- (Regulation der Blutgefäßweite) und Atemzentrums wirksam. Es hat eine dem Nikotin ähnliche Wirkung, da es an den

gleichen Rezeptoren ansetzt.
Zunächst dominiert ein erregender, später ein lähmender Einfluss. Der Blutdruck wird zentral über die Stimulation des Vasomotorenzentrums und peripher über eine gefäßverengende Wirkung bei gleichzeitiger Entleerung von Blutspeichern (Milz) erhöht. Auch die Herzfrequenz steigt an.
Die LD50, das heißt die Dosis, die zu 50 % der Tiere zum Tod führt, beträgt bei Injektion des Toxins unter die Haut bei der Katze 3 mg/kg Körpermasse und beim Hund 4 mg/kg Körpergewicht beim Hund.
Auch die Milch von Weidetieren kann toxisch wirken.

Symptome einer Intoxikation

Das Toxin wird sehr schnell resorbiert, sodass es bereits 15 Minuten nach der Aufnahme zu toxischen Symptomen kommen kann. Es wird auch angegeben, dass das bereits nach der Aufnahme von drei Samenkörnern möglich ist.
Die ersten Symptome sind

- Speichelfluss
- Erbrechen, langanhaltend, teils blutig
- Herzfrequenz erhöht
- Weitstellung der Pupillen
- Erregungszustände

Bei höherem Toxingehalt im Blut kommen hinzu

- Angstzustände
- Desorientiertheit
- Zittern
- Ataxie
- Krämpfe

- Koma
- Schock (Kreislaufversagen)
- Atemlähmung

Therapeutische Prinzipien

Ein **Antidot** gibt es nicht.
Die einzuleitenden Maßnahmen sind abhängig vom Zustand des Patienten.
Bei lebensbedrohlichen Zuständen steht die Sicherung der Vitalfunktionen Atmung und Herz-Kreislauf an erster Stelle. Teilweise muss beatmet werden.
Die **Dekontamination** von Fell und Haut ist angezeigt, wenn sich noch Samenstände oder andere Pflanzenteile im Fell befinden.
Magen und Darm sind zu entleeren und anschließend ist Aktivkohle einzugeben.

Goldregen *(Laburnum anagyroides, Laburnum x watereri)*

Die sicherste Methode zur Dekontamination ist die Magenspülung, die allerdings nur unter den dazu notwendigen Sicherungsmaßnahmen wie Intubation erfolgen darf.
Eine Magenspülung ist auch nach vorherigem Erbrechen und ohne Zeitgrenze sinnvoll.
Die weitere **symptomatische Therapie** besteht aus Substitutionen im Wasser-Elektrolythaushalt und Säuren-Basenhaushalt, je nach den aktuellen Laborbefunden. Teilweise sind krampflösende Medikamente notwendig.
Die Nierenfunktion ist anzuregen.

Prognose

Intoxikationen mit Goldregen können potenziell tödlich verlaufen. Da eine der Hauptwirkungen des Toxins von Goldregen zentral ausgelöstes Erbrechen ist, werden eventuell bereits im Vorfeld therapeutischer Maßnahmen noch vorhandenen Pflanzenteile ausgeschieden.
Die Prognose ist gut.

Quellen

Bäumer, W. Intoxikationen durch Zierpflanzen bei Hund und Katze. Leipziger Blaue Hefte. 2008; 202.

Hufschmidt A, Lücking CH, Rauer S (Hrsg.): Neurologie compact. Für Klinik und Praxis. Stuttgart: Thieme; 2013.

Roth L, Daunderer M, Kormann K.Giftpflanzen-Pflanzengifte: Vorkommen, Wirkung, Therapie; allergische und phototoxische Reaktionen. Hamburg : Nikol; 2008.

Cytisin. Toxcenter. http://www.toxcenter.org/stoff-infos/c/cytisin.pdf aufgerufen am 08.07.2021.

Herbstzeitlose *(Colchicum autumnale)* +++

Herbstzeitlose sind sehr stark giftig. Die vorrangig giftige Substanz ist das Alkaloid Colchicin. Colchicin wird aus dem Magen-Darm-Trakt gut resorbiert.

Wirkungsmechanismus

Geschädigt werden zunächst vorrangig die Schleimhaut des Magen-Darm-Traktes. Später muss man von einem Multiorganversagen sprechen. Weiterhin tritt eine Hemmung der Blutbildung im Knochenmark, verbunden mit Gerinnungsstörungen auf. Es folgen Schäden im Nervensystem.
Die Ausscheidung erfolgt zu einem kleinen Teil über die Nieren. Der überwiegende Teil wird in der Leber verstoffwechselt und über die Galle ausgeschieden. Teilweise erfolgt im Darm eine erneute Resorption (enterohepatischer Kreislauf).

Toxisches Prinzip

Colchicin ist ein Zellgift. Es hemmt die Zellteilung. Es reichert sich auch in weißen Blutkörperchen (Leukozyten) an.
In den weißen Blutkörperchen induziert Colchicin in höherer Konzentration die Spaltung von Proteinen.
Diese intrazellulären Strukturveränderungen beeinflussen die Flexibilität der Leukozyten und damit ihr Eindringen in Kapillaren und Gewebespalten. Die Folge ist ein verminderter Spiegel von Entzündungsmediatoren in diesen Gebieten und eine Reduktion entzündlicher Prozesse.
Diese Mechanismen führten zu einer Nutzung als Medikament, beispielsweise bei Gicht-Erkrankungen.
Im ZNS bewirkt Colchicin auch eine Absenkung der Körpertemperatur.
Die therapeutische Breite ist gering und wird bei der Aufnahme von Herbstzeitlosen schnell überschritten.

Auf Grund des Prinzips der Hemmung der Zellteilung treten Schäden zuerst bei Geweben und Organen mit einer hohen Zellteilungsrate auf.
Das betrifft die Schleimhaut des Magen-Darm-Traktes und die Blutbildung im Knochenmark.
Beim Menschen ist die einmalige Einnahme von 0,5 mg Colchicin/kg Körpermasse mit einer Todesrate von 10 % verbunden.

Folgende Angaben gelten für den Menschen

- Dosis <0,5 mg/kg Körpermasse Magen-Darm-Symptome, Abnahme der Gerinnungsfaktoren, keine Todesfälle
- Dosis 0,5–0,8 mg/kg Körpermasse – zusätzlich Knochenmarkdepression, keine Todesfälle
- Dosis >0,8 mg/kg Körpermasse – zusätzlich Haarausfall, Todesfälle 10–50 %, zusätzlich Kreislaufversagen, Todesfälle 100 %

Die LD (letale/tödliche Dosis) bei Katzen wird für eine orale Aufnahme von Colchicin mit 0,125 mg/kg Körpermasse angegeben.

Symptome einer Intoxikation

Erste Symptome treten etwa zwei bis fünf Stunden nach der Aufnahme der Pflanzen auf.
Erste Anzeichen sind

- Speichelfluss
- Erbrechen, teils blutig
- Bauchkrämpfe
- Durchfall, teils blutig

Herbstzeitlose *(Colchicum autumnale)*

Im weiteren Verlauf

- Benommenheit
- Krämpfe
- Atembeschwerden
- Fieber
- Anämie (Blutarmut)

Organschäden betreffen

- Leber
- Nieren
- Knochenmark (durch Blutarmut)
- Bauchspeicheldrüse (Insulinsekretion)

Im Endstadium

- Bewusstseinsstörungen
- Koma
- Tod durch Multiorganversagen

Therapeutische Prinzipien

Ein spezielles **Antidot** gibt es nicht.
Der **Dekontamination** durch Auslösen von Erbrechen und Magenspülungen kommt bei frischer Aufnahme große Bedeutung zu. Danach wird Aktivkohle wiederholt eingesetzt, um auch den Effekt der Wiederaufnahme des Giftes nach der Ausscheidung über die Galle (enterohepatischer Kreislauf) entgegenzuwirken. Die Darmpassage wird durch Abführmittel beschleunigt.
Bei unstillbarem Erbrechen kommen Antiemetika zum Einsatz.
Die sich anschließende **symptomatische Therapie** beinhaltet eine sorgfältige Stabilisierung des Wasser-Elektrolythaushalts und Säuren-Basenhaushalts und verhindert einen hypovolämischen Schock (Volumenmangelschock). Kaliumsubstitutionen verhindern einen Kaliummangel infolge der Verluste über den Darm. Glukoseinfusionen stabilisieren den Energiehaushalt.

Prognose

Die Prognose ist vorsichtig zu stellen.
Eine Erholung bei entsprechender intensiver symptomatischer Therapie ist möglich, nimmt aber auf Grund der hohen Gewebeaufnahme bei einer Intoxikation eine längere Zeit in Anspruch. Die Ausscheidung kann mehr als zehn Tage in Anspruch nehmen.

Quellen

Colchicin. DocCheck Flexikon. https://flexikon.doccheck.com/de aufgerufen am 08.07.2021.

Milewski LM, Khan SA. An overview of potentially life-threatening poisonous plants in dogs and cats. Journal of Veterinary Emergency and Critical Care. 2006; 16(1): 25–33.

Anadón A, Martínez-Larrañaga MR, Ares I, Martínez MA (2018). Poisonous plants of the Europe. In Gupta RC (Hrsg.) Veterinary Toxicology. Amsterdam: Academic Press; 2018. 891–909.

Wagenaar, Z. Accidental colchicine poisoning in a dog. The Canadian Veterinary Journal. 2004; 45(1): 55–57.

Lilien *(Lilium und Hemerocallis spp.)* +++

Lilien sind insbesondere für Katzen sehr stark giftig. Alle Pflanzenteile aller Lilien-arten sind giftig, auch Pollen und das Wasser der Vase, in der Lilien standen.
Bereits ein Blatt oder nur Teile einer Blüte genügen, um schwere Vergiftungen zu verursachen.
Als Toxin werden Tuliposide genannt. Es wird davon ausgegangen, dass weitere noch unbekannte Toxine wirksam werden.

Wirkungsmechanismus

Bei Katzen steht nach anfänglichen Symptomen einer Reizung des Magen-Darm-Traktes ein akutes Nierenversagen im Vordergrund.
Bei Hunden kommt es allenfalls zu einer Reizung des Magen-Darm-Traktes.

Toxisches Prinzip

Die in den Lilien enthaltenen Tuliposide führen zu Nekrose (Absterben) bestimmter Zellen in den Nieren (tubuläre Epithelzellen), die für die Ausscheidungsfunktion der Nieren unabdingbar sind.

Symptome einer Intoxikation

Ein bis drei Stunden nach der Aufnahme von Pflanzenteilen treten die ersten Intoxikationszeichen auf.

Sie betreffen zunächst den Magen-Darm-Trakt

- Erbrechen
- Speicheln
- Appetitlosigkeit
- Apathie

Lilien *(Lilium und Hemerocallis spp.)*

Nach einer kurzen Phase der scheinbaren Verbesserung des Zustandes werden erste Zeichen einer Nierenschädigung nach ein bis zwei Tagen deutlich.

- Polyurie (viel Harn geringer Dichte)
- Dehydratation
- Anurie (wenig oder kein Harn)
- Nierenschmerzen bei Palpation (Abdrücken)
- Krämpfe
- Abfall der Körpertemperatur

Therapeutische Prinzipien

Ein spezielles **Antidot** gibt es nicht.
Die **Dekontamination** hat kurz nach der Aufnahme oberste Priorität. Das gilt für alle Formen der Dekontamination, beginnend mit der Reinigung des Felles von Pflanzen- oder Pollenresten, Auslösen von Erbrechen, Magenspülung und der wiederholten Gabe von Aktivkohle.
Diese Maßnahmen können lebensrettend sein.
Die **symptomatische Therapie** konzentriert sich auf die Anregung der Nierenfunktion durch hochdosierte Infusionsvolumina und entsprechende Medikamente.

Eine Hämodialyse zur Blutwäsche ist in der Tiermedizin nur selten möglich. Einen Ersatz bietet die Peritonealdialyse. Sie ist nicht so ergiebig und auch mit mehr Risiken behaftet, kann aber bei einem akuten Nierenversagen, wo zumindest mit einer teilweisen Regeneration gerechnet werden kann, sehr hilfreich sein.

Prognose

Beginnt die Therapie, bevor Zeichen einer Niereninsuffizienz zu bemerken sind, ist die Prognose gut.
Setzt die Behandlung erst ein, wenn bereits eine akute Niereninsuffizienz eingetreten ist, ist sie vorsichtig zu stellen.

Auch das Blumenwasser von Lilien ist für Katzen giftig.

Quellen

McFarland, S. Liliengewächse als Vergiftungsursache. Leipziger Blaue Hefte, 470.

Fitzgerald KT. Lily toxicity in the cat. Topics in companion animal medicine. 2010; 25(4): 213–217.

Rumbeiha WK, Francis JA, Fitzgerald SD, Nair MG, Holan K, Bugyei, KA, Simmons H. A comprehensive study of Easter lily poisoning in cats. Journal of Veterinary Diagnostic Investigation. 2004;16(6): 527–541.

Maiglöckchen *(Convallaria majalis)* ++

Maiglöckchen sind stark giftig.
Die toxischen Substanzen sind vorrangig Herzglykoside und Saponine. Dementsprechend bestehen die Symptome bei Intoxikationen in Herzrhythmusstörungen durch die Herzglykoside und Reizungen des Magen-Darm-Traktes durch die Saponine, was sich in Erbrechen, Durchfall und kolikartigen Schmerzen äußert.
Die LD50 (mittlere letale/tödliche Dosis) für Katzen bei der intravenösen Applikation des Hauptglykosides (Convallatoxin) beträgt 0,07–0,08 mg/kg Körpergewicht.
Weiter → **Fingerhut**

Maiglöckchen *(Convallaria majalis)*

Rhododendron ++ (→ **Alpenrose, S. 130 ff.**)

Rhododendron ist stark giftig. Alle Pflanzenteile sind giftig.

Stechapfel *(Datura spp.)* +++

Stechapfel (→ S. 147) ist sehr stark giftig. Die gesamte Pflanze ist giftig.
Die Haupttoxine sind die Alkaloide Atropin und Scopolamin wie bei anderen Datura-Arten wie der Engelstrompete.
Sie wirken sich vorrangig auf das Herz, die Muskulatur des Magen-Darm-Traktes, auf verschiedene Drüsen sowie an den Augen und dem Nervensystem aus.
Weiter → **Engelstrompete, S. 144 ff.**

Wolfsmilcharten *(Euphorbia spp.)* ++

Wolfsmilcharten gelten als stark giftig. Sie bilden einen toxischen Milchsaft. Es gibt über 2000 Arten, die unterschiedlich toxisch wirken.
Hunde und Katzen nehmen die Pflanzen wegen des scharfen Geschmackes des Milchsaftes eher ungern auf, sodass Intoxikationen selten sind.

2.9

Wolfsmilcharten *(Euphorbia spp.)*

Wirkungsmechanismus

Die toxischen Wirkstoffe sind insbesondere verschiedene Terpene (Triterpensaponine, Diterpenester), die die Haut, die Schleimhaut des Magen-Darm-Traktes und die Bindehäute reizen sowie das Nervensystem, die Leber und die Nieren schädigen können.
Die Hautreizungen entwickeln sich nach Kontakt innerhalb von Stunden und klingen dann in den nächsten Tagen ab.

Toxisches Prinzip

Toxine induzieren Entzündungsreaktionen, beeinflussen das Zellwachstum und die Zelldifferenzierung und können zu Zellnekrosen, also dem Absterben von Zellen, führen.

Symptome einer Intoxikation

Erste Symptome infolge der Entzündungen im Magen-Darm-Trakt und den Nieren sind

- Erbrechen
- blutiger Durchfall
- kolikartige Schmerzen
- Nierenentzündung
- blutiger Harn

Schäden am Nervensystem sind

- Weitstellung der Pupillen
- Gangunsicherheiten
- Desorientiertheit

- Erregungszustände
- Krämpfe
- Lähmungen

Schäden am Herz-Kreislauf-System

- Kreislaufkollaps
- Herzrhythmusstörungen

Therapeutische Prinzipien

Ein **Antidot** gibt es nicht.
Die **Dekontamination** betrifft insbesondere die Augen und die Haut. Sind die Augen betroffen, ist ein langanhaltendes (15 Minuten) Spülen mit lauwarmem Wasser bei geöffneten Lidern besonders wichtig. Es könnten ansonsten schwere Hornhautläsionen mit Trübungen und Gewebeauflösung entstehen.
Die weitere **Therapie ist symptomatisch**.

Prognose

Die Prognose ist im Allgemeinen gut.
Die Entzündungen klingen bei guter Dekontamination in einigen Tagen ab.

Quellen

Poinsettia. CSU Guide to Poisonous Plants. https://csuvth.colostate.edu/poisonous_plants/Plants/Details/115 aufgerufen am 08.07.2021.

Caloni F, Cortinovis C, Rivolta M, Alonge S, Davanzo F. Plant poisoning in domestic animals: epidemiological data from an Italian survey (2000–2011). Veterinary record. 2013; 172(22): 58–580.

2.9.2 Giftige Zimmerpflanzen

Amaryllis *(Hippeastrum spp.)* ++

Alle Amaryllisarten sind für Hunde und Katzen stark giftig, vor allem deren Zwiebeln.
Die üblicherweise als Topfpflanze oder als Bestandteil von Blumensträußen verwendeten Amaryllisarten oder auch Rittersterne genannt sind laut Liste der ASPCA (Die amerikanische Gesellschaft zur Verhütung von Tierquälerei) für Hunde und Katzen stark giftig. Das Toxin (Lycorin) befindet sich hauptsächlich in der Zwiebel.
Es ist auch in anderen Arten der Amaryllisgewächse enthalten. Dazu zählen unter anderem

- Clivia (Klivie, Riemenblatt)
- Galanthus (Schneeglöckchen)
- Hymenocallis (Schönhäutchen)
- Leucojum (Märzenbecher)
- Narcisseae (Narzisse)

Wirkungsmechanismus

Die toxischen Alkaloide, insbesondere Lycorin, bewirken lokale Entzündungen (Kontaktdermatitis) und führen bei oraler Aufnahme zu Reizungen und Entzündungen an den Schleimhäuten sowie zu Störungen im Nervensystem.

Toxisches Prinzip

Lycorin ist ein Cholinesterase- oder Acetylcholinesterase (AChE)-Hemmer.

Das bedeutet, der Abbau von Acethylcholin wird durch Lycorin gehemmt, sodass der Neurotransmitter Acethylcholin länger an den Synapsen vorliegt und länger wirksam ist. Synapsen sind die Übertragungsübergänge zwischen Nervenzellen oder zwischen Nerven- und Muskelzellen.
Bei Intoxikation mit Cholinesterasehemmern wird dieser Vorgang soweit gesteigert, dass überschießende, toxische Symptome entstehen. Es entsteht eine sogenannte cholinerge Krise.
Bei Beagle-Hunden subkutan verabreichtes Lycorin führte ab einer Dosis von 0,5 mg/kg Körpermasse nach circa zweieinhalb Stunden zu Übelkeit und Erbrechen. Die Wirkung ist nur von kurzer Dauer. Mit steigender Dosierung nahmen die Symptome zu.

Symptome einer Intoxikation

Lokale Symptome sind

- Speichelfluss
- Tränenfluss
- Erbrechen
- Durchfall
- Kolik

Von Schäden am Nervensystem verursacht

- Ataxie
- Benommenheit
- Gangunsicherheiten
- Zittern
- Krämpfe
- Lähmungen
- Koma

Amaryllis *(Hippeastrum spp.)*

Störungen am Herz-Kreislauf-System sind

- Herzrhythmusstörungen
- Blutdruckabfall
- Abfall der Herzfrequenz

Therapeutische Prinzipien

Ein direktes **Antidot** gibt es nicht. Doch Atropin kann zur Antagonisierung verwendet werden.
Die **Dekontamination**, um eine weitere Toxinaufnahme zu verhindern, erfolgt vorrangig durch das Auslösen von Erbrechen und die Eingabe von Aktivkohle.
Intensivere Maßnahmen sind in den seltensten Fällen notwendig. Ansonsten erfolgt eine **symptomatische Therapie**.
Neben Atropin zur Antagonisierung werden Mittel gegen Krämpfe (Antikonvulsiva) eingesetzt. Bei Vorliegen von Erbrechen wird über eine Infusionstherapie ein Ausgleich der Defizite herbeigeführt und bei unstillbarem Erbrechen entsprechende, das Brechzentrum dämpfende, Mittel eingesetzt.
Bei einem deutlichen Blutdruckabfall ist, sofern zunächst nicht als notwendig erachtet, Atropin indiziert.

Prognose

Die Prognose ist sehr gut, da der unangenehme Geschmack der Pflanze Hunde und Katzen davon abhält, beim Knabbern so viel aufzunehmen, dass es zu ernsthaften Intoxikationen kommt. Das Alkaloid Lycorin selbst ist allerdings stark toxisch.

Quellen

Amaryllis. ASPCA. https://www.aspca.org/pet-care/animal-poison-control/toxic-and-non-toxicplants/amaryllis aufgerufen am 08.07.2021.

Amaryllis sp. CliniiTox Institut für Veterinärpharmakologie und -toxikologie, Zürich https://www.vetpharm.uzh.ch/giftdb/pflanzen/0135_tox.htm aufgerufen am 08.07.2021.

Cao Z, Yang P, Zhou Q. Multiple biological functions and pharmacological effects of lycorine. Science China Chemistry. 2013; 56(10): 1382–1391.

Kretzing S, Abraham G, Seiwert B, Ungemach FR, Krügel U, Regenthal R. Dose-dependent emetic effects of the Amaryllidaceous alkaloid lycorine in beagle dogs. Toxicon. 2011; 57(1): 117–124.

Dieffenbachie *(Dieffenbachia maculata, Dieffenbachia spp.)* 2.9

++

Dieffenbachien sind stark giftig. Sie sind durch ihre auffällig gezeichneten Blätter dekorative, in vielen Haushalten beliebte Zimmerpflanzen. Sie sind Spitzenreiter in den Statistiken der Giftinformationszentren.

Wirkungsmechanismus

Die Hauptwirkung verursachen Calciumoxalate, die in der gesamten Pflanze, insbesondere jedoch im Pflanzensaft enthalten sind. Die genaue Zusammensetzung ist nicht bekannt. Weitere toxisch wirkende Bestandteile sind cyanogene Glykoside, Saponine, Alkaloide und proteolytische Enzyme.
Beim leichten Druck (Hineinbeißen) in die Pflanze werden die

Oxalatkristalle geschossartig freigesetzt. Sie sind wie Nadeln geformt und können leicht in die Haut, die Schleimhaut oder in die Oberfläche der Augen eindringen. Sie wirken dort stark reizend. Beim Abschlucken setzt sich die Reizung in der Speiseröhre und im Magen und Darm fort.

Toxisches Prinzip

Die Umwandlung der Oxalatkristalle in freie Oxalsäure führt zur Bindung von Calcium und Magnesium im Körper.
Der sich daraus entwickelnde Mangel an Calcium und Magnesium kann durch die Beeinträchtigung von Enzymen insbesondere zu Funktionsstörungen am Herzen führen. Die Auswirkungen am Herzen sind Herzrhythmusstörungen und ein Blutdruckabfall.
Ablagerungen von Oxalatkristallen in den Nierenkanälchen und in den Blutgefäßen des Gehirns verursachen schwere Nierenschäden und Entzündungen im Gehirn.

Symptome einer Intoxikation

Die entsprechenden Symptome durch eine lokale Reizung sind

- Bläschenbildung
- Anschwellen der Schleimhäute der Maulhöhle und der Zunge und/oder der Bindehäute
- Speichelfluss
- lokale Ödeme
- Blasenbildung
- Schluckbeschwerden durch Schwellungen im Rachen
- Erbrechen
- Durchfall, teils blutig

Die Ödembildung im Rachen kann zu Atemnot führen.

Die Symptome nach der Resorption und Ausbreitung im Körper sind

- Herzrhythmusstörungen
- Abfall der Herzfrequenz
- Blutdruckabfall
- zunächst vermehrte Harnbildung
- später mangelnde Harnbildung
- nervale Symptome
  - Gangunsicherheit
  - Muskelzittern
  - Krämpfe
  - zunehmende Schwäche

Dieffenbachie (*Dieffenbachia maculata, Dieffenbachia spp.*)

Die LD (letale/tödliche Dosis) beim Hund beträgt bei oraler Aufnahme 1g Oxalsäure/kg Körpergewicht
Für Katzen kann bereits eine Berührung der Giftpflanze erste Vergiftungssymptome hervorrufen. Auch überständiges Gießwasser kann zu Vergiftungen führen.

Therapeutische Prinzipien

Ein spezifisches **Antidot** gibt es nicht.
Der äußeren **Dekontamination** kommt insbesondere bei Läsionen im Bereich der Augen Bedeutung zu. Es ist sinnvoll, dabei Handschuhe und eventuell auch eine Schutzbrille zu tragen.
Ansonsten dienen sie dazu, eine weitere Resorption aus dem Magen-Darm-Trakt möglichst zu verhindern. In Frage kommen

Magenspülungen mit Calciumgluconat und insbesondere die Gabe von Aktivkohle.
Die **Therapie** erfolgt ansonsten **symptomatisch**.
Bei äußeren Läsionen und bei starken Schwellungen im Rachen und der Zunge können Glucocorticoide und Antihistaminika hilfreich sein, bei Verletzungen auch Antibiotika.
Die weitere Aufmerksamkeit gilt den vitalen Funktionen.
Ein eventuelles Flüssigkeitsdefizit infolge des Erbrechens wird durch Infusionen ausgeglichen und anhaltendes Erbrechen durch Antiemetika gestoppt.
Bei Geschwürbildungen im Bereich der Maulhöhle kann insbesondere eine Ernährung über eine Sonde Erleichterung schaffen.

Prognose

Die Prognose ist meist sehr gut. Doch es sind auch Todesfälle infolge einer Vergiftung mit Calciumoxalat aus Dieffenbachien beschrieben.

Quellen

BİLGİLİ, A., HANEDAN, B., & UYSAL, M. Poisonous Plants for Cats and Dogs Kept in House 1: Dieffenbachia spp., Melia azedarach, Ricinus communis, Euphorbia pulcherrima, Narcissus spp. Current Perspectives on Medicinal and Aromatic Plants (CUPMAP), 3(2), 104–112.

Peterson, K., Beymer, J., Rudloff, E., and O'Brien, M., 2009. Airway obstruction in a dog after Dieffenbachia ingestion. Journal of Veterinary Emergency Critical Care (San Antonio), 19 (6), 635–639.

Prachtlilie *(Gloriosa rothschildiana)* ++

Prachtlilien sind für Hunde und Katzen gleichermaßen stark giftige Pflanzen. Die toxisch wirkende Substanz ist insbesondere Colchicin. Das ist der gleiche Wirkstoff wie in Herbstzeitlosen.
→ **Herbstzeitlose** *(Colchicum autumnale)*, **S. 155 ff.**

Prachtlilie *(Gloriosa rothschildiana)*

Weihnachtsstern *(Euphorbia pulcherrima)*

Weihnachtssterne werden in den Medien immer wieder als giftig für Hunde und Katzen eingestuft. Das sind die in der Weihnachtszeit im Handel zu erhaltenden Züchtungen nicht. 2.9
Weihnachtssterne zählen zu den Wolfsmilchgewächsen (Euphorbia). Euphorbia-Gewächse enthalten unterschiedliche Mengen an komplexen Diterpenoid-Euphorbolestern und steroidalen Saponinen. Manche Euphorbiaarten, es gibt etwa 2000 Arten, sind dagegen stark giftig ++.
Die wirksamen Gifte sind Triterpene.
→ **Wolfsmilcharten** *(Euphorbia spp.)*, **S. 163 ff.**

Weihnachtsstern *(Euphorbia pulcherrima)*

2.9.3 Blaualgen (Cyanobakterien) +++

Blaualgen sind sehr stark giftig.
Es handelt sich nicht um richtige Algen, sondern um Bakterien, die aber zur Fotosynthese fähig sind. Das in ihnen enthaltene Chlorophyll gibt ihnen zusammen mit dem enthaltenen Phycocyanin die blaugrüne Farbe.
Sie entwickeln sich im Sommer bei länger anhaltenden hohen Temperaturen in natürlichen Gewässern mit hohem Nährstoffeintrag. Aber auch in der Ostsee werden sie nachgewiesen, dabei kommt ihnen zugute, dass sie in der Lage sind, Stickstoff aus der Luft zu binden. Bei für sie günstigen Bedingungen können sie sich massenhaft vermehren (Algenblüte) und dann für Menschen und Tiere gefährlich werden.
Hunde sind durch Baden und vor allem durch das Trinken von blaualgenhaltigem Wasser besonders gefährdet.

Wirkungsmechanismus

Es gibt viele Blaualgenarten. Nicht alle sind gleichermaßen giftig. Einige Blaualgen bilden Cyanotoxine. Man unterscheidet Neuro- und Hepatotoxine (Nerven- und Lebergifte) sowie Lipopolysaccharide (LPS).
Die Toxine besitzen eine hohe akute Toxizität und können bereits nach einer Stunde (Neurotoxine) oder nach circa 24 Stunden (Lebertoxine) zu lebensbedrohlichen Vergiftungen führen.
Die Toxine Nodularin und Mikrocystin sind vermutlich für die lebertoxische Wirkung der Blaualgen verantwortlich.

Toxisches Prinzip

Die Toxine Nodularin und Mikrocystin gelangen nach oraler Aufnahme in die Leberzellen und reichern sich dort an. Die Leberschädigung ist durch die Akkumulation der Toxine besonders ausgeprägt.

Sie hemmen bestimmte Enzyme (Proteinphosphatasen) und beeinträchtigen dadurch die Struktur und eine Vielzahl von Stoffwechselprozessen der Leberzellen. Es folgen Degeneration und herdförmiger Untergang von Leberzellen, gefolgt von Einblutungen.
Die Leberfunktion wird beeinträchtigt. Das betrifft auch die Synthese von Gerinnungsfaktoren.
Leberenzyme werden freigesetzt. Die Gerinnungszeit des Blutes ist verlängert. Die Blutungen führen zu einem Anstieg von Bilirubin. Diese Auswirkungen werden labordiagnostisch genutzt.

Symptome einer Intoxikation

Vergiftungssymptome sind abhängig von der Art der Blaualgen.

Erste Symptome betreffen neben Hautreizungen in der Regel den Magen-Darm-Trakt

- Haut- Bindehaut- und Schleimhautreizungen
- Dermatitis, teils allergisch bedingt
- Speichelfluss
- Erbrechen, teils blutig
- Bauchkrämpfe
- Durchfall, teils blutig
- Fieber

Bei der Aufnahme großer Mengen kommt es zu ausgeprägten neurotoxischen Schäden und Leberschädigungen

- Muskelzittern (Tremor)
- Abfall der Herzfrequenz
- Anstieg der Atemfrequenz

- Ataxie
- Krämpfe
- Lähmungen
- Blutdruckabfall
- Störung der Gerinnung
- Atemnot
- Koma

Therapeutische Prinzipien

Das **Antidot** Silymarin (Silibinin) soll die Aufnahme von Nodularin und Microcystin in die Leberzellen verhindern und die toxischen Wirkungen mildern. Es wird zunächst über Infusion verabreicht und danach im 24-Stunden-Rhythmus bis zur Normalisierung der erhöhten Leberenzyme im Blut weiter infundiert.

Bei warmer Witterung können sich die hochgiftigen Blaualgen sehr stark vermehren.

Die äußere (Haut)und innere (Magen-Darm-Trakt) **Dekontamination** sollte so schnell wie möglich erfolgen.
Das bedeutet sorgfältiges Spülen der Augen bei geöffneten Lidern, ausgiebiges Waschen des Felles mit einer milden Seife und lauwarmem Wasser.
Die **Therapie ist symptomatisch**.
Der Wasser- und Elektrolythaushalt ist zu überwachen und zu stabilisieren. Ein ausreichender Flüssigkeitsersatz kann durch die Gabe von Glukoseinfusionen unterstützt werden.
Die Leber- und Nierenfunktion muss überwacht werden.
Gegebenenfalls sind weitere symptomatisch wirkende Medikamente wie Antikonvulsiva und Atropin bei starkem Blutdruckabfall notwendig.

Prognose

Findet innerhalb einer Stunde nach dem Kontakt eine sorgfältige Dekontamination statt und schließt sich eine angemessene Therapie an, ist die Prognose gut.
Liegen bei Beginn der therapeutischen Maßnahmen bereits Zeichen einer Intoxikation vor, ist die Prognose eher schlecht.

Quellen

Blaualgen – Cyanobakterien. LUBW. https://www.lubw.baden-wuerttemberg.de/wasser/blaualgen-cyanobakterien aufgerufen am 08.07.2021.

Vergiftungen durch Cyanobakterien. LAsD Schleswig-Holstein. https://www.schleswig-holstein.de/DE/Landesregierung/LASD/Aufgaben/Gesundheitsschutz/Download/data/Badegewaesser/VergiftungenDurchCyanobakterien. pdf?__blob=publicationFile&v=2 aufgerufen am 08.07.2021.

2.10 Düngemittel

Düngemittel enthalten im Allgemeinen unterschiedliche Mengen an Stickstoff-, Phosphor- und Kaliumverbindungen sowie teilweise zusätzlich Herbizide, Insektizide und Fungizide.
Die Zusätze an Herbiziden, Insektiziden und Fungiziden sind meist Organophosphate und Carbamate, die für Hunde und Katzen hochgiftig sind.
Die Auswirkungen der Aufnahme von Düngemittel können, da es sich jedoch in der Regel um eine Kombination von Inhaltsstoffen handelt, sehr unterschiedlich sein.
Sie können von leichten bis mittelschweren Magen-Darm-Reizungen bis hin zu stärkeren Auswirkungen variieren oder auch zum Tod führen.
Manche Inhaltsstoffe sind ätzend, sodass sie Reizungen und Verletzungen der Magen-Darm-Schleimhaut verursachen.

2.10.1 Organophosphate und Carbamate

Organophosphate und Carbamate sind Derivate der verschiedenen Phosphorsäuren bzw. der Carbamidsäure.
Neben der bereits genannten Verwendung als Insektizide, Herbizide und Fungizide in Düngemitteln werden sie häufig auch direkt als Antiparasitaria verwendet.

Wirkungsmechanismus

Die Aufnahme der Organophosphate und Carbamate ist über die Haut, die Lungen und über den Magen-Darm-Trakt möglich. Nach einem Kontakt erfolgt eine schnelle Resorption und Verteilung im Gewebe. Bereits ein bis zwei Stunden nach einer Aufnahme kann es zu Symptomen einer Intoxikation kommen.
Organophosphate und Carbamate werden relativ schnell verstoffwechselt und über die Galle (Glucuronsäure) oder den Harn (Sulfat) ausgeschieden.

Toxisches Prinzip

Die meisten Hunde entwickeln das klassische Bild einer Überstimulierung bestimmter Funktionen des vegetativen Nervensystems (von Willen unabhängige Nervensystem), das bestimmte Körperfunktionen wie Blutdruck, Herzschlag, Atmung und Verdauung steuert.
Verantwortlich dafür ist die hemmende Wirkung der Organophosphate und Carbamate auf das Enzym Acetylcholinesterase (AChE), welches den Neurotransmitter Acetylcholin an den Nervensynapsen (Übergänge von Nervenzelle zu Nervenzelle) und an den neuromuskulären Übergängen (Übergänge von Nervenzelle zu Muskelzelle) abbaut. Mit zunehmendem Gehalt an Acetylcholin erhöht sich die Aktivität im vegetativen Nervensystem. Die Wirkung betrifft viele Organe wie das periphere und zentrale Nervensystem, Muskeln, Leber, Bauchspeicheldrüse und Gehirn

sowie Stoffwechselvorgänge. Der neuronale und hormonelle Status des Körpers wird nachhaltig gestört. Es entsteht eine akute Toxikose.
Bei den Organophosphaten ist die Hemmung der AChE irreversibel, bei den Carbomaten ist sie reversibel. Darin liegt auch zum Teil die geringere Toxizität der Carbamate begründet.
Die mittlere letale/tödliche Dosis (LD50) bei oraler Aufnahme liegt bei Hunden bei 19 mg/kg Körpermasse.

Symptome einer Intoxikation

Erste Symptome treten im Allgemeinen nach Minuten bis Stunden nach der Aufnahme der Toxine auf. In seltenen Fällen zeigen sich Vergiftungssymptome auch erst nach ein bis zwei Tagen.
Die Symptome sind typisch für eine cholinerge Überstimulation (Acetylcholinüberhang).
Sie können in drei Kategorien eingeteilt werden: Muskarine Effekte (dem Pilzgift Muskarin ähnliche Effekte), nikotinähnliche Effekte und zentrale Effekte.

Muskarine Effekte

- Speichelfluss
- Appetitlosigkeit
- Engstellung der Pupillen
- Erbrechen
- Durchfall
- Harndrang
- Darmkrämpfe
- Anstieg der Atemfrequenz
- Zyanose der Schleimhaut infolge Sauerstoffmangels
- Atemnot
- Lungenödem
- Atemversagen

Nikotinähnliche Effekte

- Muskelzittern
- Schwäche

Zentrale Effekte

- Nervosität
- Ataxie
- Angstzustände
- Krampfanfälle

Neben der akuten cholinergen Krise und den verzögert einsetzenden neurologischen Effekten bei Organophosphat- und Carbomatintoxikationen wird noch ein sogenanntes intermediäres Syndrom beim Menschen, aber auch bei Hunden (zwei Fälle) beschrieben.
Dabei kommt es verzögert, auch ohne vorherige cholinerge Symptome, zu Lähmungen der Atemmuskeln, der Halsmuskulatur und der Muskulatur der Vorderextremitäten. Die Ursachen dieser Komplikation sind nicht eindeutig geklärt.

Therapeutische Prinzipien

Es ist unbedingt eine intensive **Dekontamination** erforderlich. Bei Hautkontakt ist ein ausgiebiges Baden der Tiere notwendig. Liegt die orale Aufnahme weniger als zwei Stunden zurück, ist das Auslösen von Erbrechen indiziert, sofern das Tier wach ist und keine Krämpfe oder Lähmungen zeigt.
Ansonsten erfolgen Magenspülung und eine wiederholte Aktivkohlebehandlung.

Ein primäres **Antidot** gibt es nicht. Doch stützt sich die Therapie auf Medikamente, die die cholinerge Wirkung der Organophosphate und Carbamate zumindest teilweise aufheben können. Im weiteren Sinn kann man sie durchaus als Antidote verstehen.
Diese sind Muskarinrezeptor-Blocker und Cholinesterase-Reaktivatoren.
Atropin ist das Mittel der Wahl. Es blockiert die zentralen und peripheren muskarinähnlichen Wirkungen der Organophasphate und Carbamate und wird je nach Situation wiederholt bei Hunden und auch bei Katzen (in etwas niedriger Dosierung) eingesetzt.
Unter bestimmten zeitlichen Bedingungen können noch bessere Ergebnisse bei einer Organophosphatintoxikation durch den gleichzeitigen Einsatz von Cholinesteraseaktivatoren (Oxime) erzielt werden. Bei Carbamaten wirken Oxime nicht.
Die nikotinähnlichen Effekte der Organophosphate und Carbamate (Muskelzittern, Muskelkrämpfe, Muskellähmungen) werden durch Atropin nicht beeinflusst, sodass es allein durch diese Effekte immer noch zum Tod der Tiere kommen kann. Der Einsatz krampflösender Medikamente ist in diesen Fällen hilfreich.
Ansonsten konzentriert sich die **symptomatische Therapie** auf die Stabilisierung der Vitalfunktionen Atmung, Kreislauf, Wasser-Elektrolythaushalt und Säure-Basenhaushalt.
Teilweise ist eine Anreicherung der Atemluft mit Sauerstoff oder auch eine künstliche Beatmung notwendig.

Prognose

Je früher die Tiere behandelt werden, um so günstiger ist naturgemäß die Prognose.
Die toxischen Wirkungen können bei Hunden und Katzen zwei bis vier Wochen andauern. Die Tiere bedürfen in dieser Zeit einer sorgfältigen Überwachung und Therapie, erholen sich aber dadurch in den meisten Fällen.
Die Prognose ist gut.

Quellen

Klainbart S, Grabernik M, Kelmer E, Chai O, Cuneah O, Segev G, Aroch, I. Clinical manifestations, laboratory findings, treatment and outcome of acute organophosphate or carbamate intoxication in 102 dogs: A retrospective study. The Veterinary Journal. 2019; 251, 105349. 2.11

Karami-Mohajeri S, Abdollahi M. Toxic influence of organophosphate, carbamate, and organochlorine pesticides on cellular metabolism of lipids, proteins, and carbohydrates: a systematic review. Human & experimental toxicology. 2011; 30(9): 1119–1140.

Fikes JD. Organophosphorus and carbamate insecticides. Veterinary Clinics of North America: Small Animal Practice. 1990; 20(2): 353–367.

Gupta RC, Organophosphates (Toxicity). MSD Manual Veterinary Manual. https://www.msdvetmanual.com/toxicology/insecticide-and-acaricide-organic-toxicity/organophosphates-toxicity aufgerufen am 08.07.2021.

Eyer P. The role of oximes in the management of organophosphorus pesticide poisoning. Toxicological reviews. 2003; 22(3): 165–190.

Tinson E, Boller E, Davis M. A suspected case of intermediate syndrome in a dog with carbamate toxicosis. Australian veterinary journal. 2017; 95(6): 201–206.

2.11 Tiergifte

Giftige Tiere, die für Hunde oder Katzen gefährlich werden können, gibt es in Deutschland natürlicherweise kaum.
Für giftige Exoten sei auf die Spezialliteratur verwiesen.

2.11.1 Kreuzotterbiss (Vipera berus)

In Deutschland kommen, regional unterschiedlich häufig, die Kreuzotter, die Sandotter und die Trugnatter in Betracht. Die Tiere sind stark gefährdet und stehen unter strengem Schutz.
Die Tiere sind eher scheu und nicht angriffslustig. Lediglich, wenn sie sich bedroht fühlen und nicht rechtzeitig ausweichen können, kann es zu einem Biss kommen.

Wirkungsmechanismus

Bei einem Biss werden 20–100 mg Gift ins Gewebe abgegeben. Die mittlere letale/tödliche Dosis (LD50) beträgt bei einer Injektion unter die Haut etwa 6,45 mg/kg Körpermasse. Bei einer Injektion direkt in die Blutbahn reduziert sich die LD50 auf 0,55 mg/kg Körpermasse.
Geht man also von einer bei einem Biss übertragenen Giftmenge von beispielsweise 50 mg bei einem Hund mit einer Körpermasse von 10 kg aus, ergibt sich eine zugeführte Giftmenge von 5 mg/kg Körpermasse. Auch wenn kein Blutgefäß getroffen wurde, liegt der Wert bereits gefährlich nah an der LD50.
Gefährdet sind dementsprechend insbesondere Hunde unter zehn Kilogramm Körpergewicht, das heißt Junghunde, kleine Hunderassen und Katzen.

Toxisches Prinzip

- Verschiedene Proteasen, die die Blutgerinnung hemmen und die Durchlässigkeit der Blutgefäße erhöhen
- sowie Phospholipasen, die Nerven- und Muskelzellen schädigen sowie die Auflösung der roten Blutkörperchen bewirken können.
- Gemeinsam führen sie zu einem lokalen Gewebsuntergang.
- Ein spezielles Nervengift hemmt die Übertragung in den Nervenbahnen und kann zur Lähmung führen.

Symptome einer Intoxikation

Die Symptome sind

- Schwäche
- Taumeln
- Erbrechen
- Durchfall
- erhöhte Atem- und Herzfrequenz
- lokale, sehr schmerzhafte Ödeme
- Gerinnungsstörung
- Zerstörung der Blutzellen (Hämolyse)
- Lähmungen

Therapeutische Prinzipien

Eine **Dekontamination** im klassischen Sinn ist nicht möglich. Als erste Hilfe ist bei einem Biss in ein Bein eine möglichst weitgehende Ruhigstellung der betroffenen Gliedmaße anzustreben,

um ein schnelles Ausschwemmen des Toxins von der Bissstelle zu verhindern.

Ein Abbinden der Gliedmaße oder Aussaugen oder Ausschneiden der Wunde usw. sollten nicht erfolgen!

Der Einsatz eines **Antidots** (Antischlangengift-Serum, Antivenin) ist möglich, beinhaltet aber selbst erhebliche Risiken, sodass zwischen Vorteil und Risiken abgewogen werden muss.

Auch wenn ein frühzeitiger Einsatz eines Giftschlangen-Antiserums die besseren Erfolgsaussichten als ein später Einsatz hat, wird auf Grund der Risiken dennoch häufig zunächst symptomatisch behandelt.

Sollte der Einsatz eines Schlangengiftantiserums sinnvoll sein, z. B. bei sehr kleinen Tieren oder bei Bissen im Bereich des Kopfes, kann durch einen voran geschalteten Allergietest das Risiko besser abgeschätzt werden.

Den eventuellen Bezug eines Antischlangengiftserums kann der Tierarzt über die Gift-Notrufzentralen klären.

Das ursprünglich von der Firma Sanofi für den europäischen Raum hergestellte Schlangengift-Immunserum „Europa" (Kreuzotter, Bergotter, Sandotter, Aspisviper, Levante-Viper), wird von dieser Firma inzwischen nicht mehr angeboten.

Die **symptomatische Therapie** richtet sich nach den auf Grund der bekannten Toxine zu erwartenden und / oder schon eingetretenen Symptomen.
Das betrifft die Prävention eines Schockes, den Einsatz von Antihistaminika, von Antibiotika und eventuell von Glukokotikosteroiden bei allergischen Reaktionen.
Eine mögliche Komplikation infolge sehr starker Schwellungen ist das Kompartmentsyndrom. Durch die starke Schwellung werden Strukturen (Muskeln, Blutgefäße und Nerven) innerhalb enger und unflexibler Hüllen (Faszien) zunehmend komprimiert und immer weniger durchblutet. Es kann zum Absterben kommen.
Reicht die Therapie mit Entzündungshemmern (Antiphlogistika) zum Abschwellen der Region nicht aus, muss eventuell chirurgisch eine Druckentlastung (Fasciotomie) hergestellt werden.

Prognose

Schlangengifte, auch die der Kreuzotter, sind überaus giftig.
Dass es in der Regel nicht zu einem tödlichen Verlauf kommt, ist in der kleinen Dosis, die bei einem Biss übertragen wird, begründet.
Für Tiere über zehn Kilo Körpermasse ist die Prognose sehr gut. Bei kleinen Tieren ist die Prognose entsprechend vorsichtig zu stellen.

Quellen

Kreuzotter. Goruma. https://www.goruma.de/tiere/reptilien/giftschlangen/kreuzotter-vipera-berus aufgerufen am 08.07.2021.

Schlangengifte. CliniTox Institut für Veterinärpharmakologie und -toxikologie, Zürich. https://www.vetpharm.uzh.ch/clinitox/toxdb/KLT_080.htm aufgerufen am 08.07.2021.

Teil 3

Service

3

3.1 Gift-Notrufzentralen

Eine Liste der Gift-Notrufzentralen und Giftinformationszentren in Deutschland, Österreich und der Schweiz bietet das Bundesamt für Verbraucherschutz und Lebensmittelsicherheit.
Sie finden diese auf www.bvl.bund.de über das Suchfenster (eingeben: „Giftnotrufzentralen").
Diese sind in erster Linie für Menschen und nicht für Tiere gedacht. Dennoch können oft Hinweise zu möglichen Vergiftungen gegeben werden. Eine spezielle Notrufzentrale für Tiere gibt es in Deutschland nicht.
Für Tierärzte gibt es wichtige Informationen zum Management von Vergiftungen auf der Schweizer Webseite von Clinipharm https://www.vetpharm.uzh.ch/clinitox/klt/toxtklt.htm.

Liste der Notrufzentralen*

Berlin/Brandenburg:
Giftnotruf der Charité
Universitätsmedizin Berlin
Campus Benjamin Franklin, Haus VIII (Wirtschaftsgebäude), UG
Hindenburgdamm 30, 12203 Berlin
Notruf: 030 192 40
www.giftnotruf.charite.de

Bonn:
Informationszentrale gegen Vergiftungen
Zentrum für Kinderheilkunde, Universitätsklinikum Bonn
Venusberg-Campus 1, Geb. 30, 53127 Bonn
Notruf: 0228 192 40
www.gizbonn.de

* Für die Richtigkeit und Vollständigkeit der Angaben zu den Giftnotrufzentralen wird keine Gewähr übernommen. Eine laufend aktualisierte Liste der Giftnotrufzentralen finden Sie auf der Internetseite des Bundesamts für Verbraucherschutz und Lebensmittelsicherheit www.bvl.bund.de

Erfurt:
Giftnotruf Erfurt
Gemeinsames Giftinformationszentrum der Länder Mecklenburg-Vorpommern, Sachsen, Sachsen-Anhalt und Thüringen
Nordhäuser Straße 74, 99089 Erfurt
Notruf: 0361 730 730
www.ggiz-erfurt.de

Freiburg:
Vergiftungs-Informations-Zentrale
Zentrum für Kinder- und Jugendmedizin
Universitätsklinikum Freiburg
Mathildenstraße 1, 79106 Freiburg
Notruf: 0761 192 40
www.uniklinik-freiburg.de/giftberatung.html

Göttingen:
Giftinformationszentrum-Nord der Länder Bremen, Hamburg, Niedersachsen und Schleswig-Holstein (GIZ-Nord)
Universitätsmedizin Göttingen
Georg-August-Universität
Robert-Koch-Straße 40, 37075 Göttingen
Notruf: 0551 192 40 (Jedermann) und 383 180 (Fachleute)
www.giz-nord.de

Homburg/Saar:
Informations- und Beratungszentrum für Vergiftungsfälle
Klinik für Kinder- und Jugendmedizin
Universitätsklinikum des Saarlandes, Geb. 9
Kirrborger Straße, 66421 Homburg/Saar
Notruf: 06841 192 40

Mainz:
Giftinformationszentrum der Länder Rheinland-Pfalz und Hessen
– Klinische Toxikologie –
Universitätsmedizin der Johannes Gutenberg-Universität Mainz
Gebäude 601
Langenbeckstraße 1, 55131 Mainz
Notruf: 06131 192 40
www.unimedizin-mainz.de/giz/uebersicht.html

München:
Giftnotruf München
Abteilung für Klinische Toxikologische und Giftnotruf München,
Klinikum rechts der Isar der Technischen Universität München
Ismaninger Straße 22, 81675 München
Notruf: 089 192 40
www.toxikologie.mri.tum.de/de/giftnotruf-muenchen

Österreich, Wien:
Vergiftungsinformationszentrale
Gesundheit Österreich GmbH
AKH Leitstelle 6 Q
Stubenring 6, A-1010 Wien
Notruf: +43 140 643 43
www.goeg.at/Vergiftungsinformation

Schweiz, Zürich:
Schweizerisches Toxikologisches Informationszentrum
(STIZ)
Tox Info Suisse
Freiestrasse 16, CH-8032 Zürich
Notruf: +41 442 515 151
www.toxinfo.ch

3.2 Checkliste zur Anmeldung beim Tierarzt bei Verdacht auf Vergiftung

Bei Vergiftungen ist der Zeitfaktor entscheidend. Diese Checkliste hilft Ihnen, Ihrem Tierarzt schnell die benötigten Informationen schon am Telefon zu liefern und auf seine Fragen vorbereitet zu sein. So kann er die Gesamtsituation schneller erfassen und die Dringlichkeit des Vorgehens festlegen.

Name und Kontaktdaten des Tierbesitzers

- Geben Sie als erstes präzise und deutlich Ihren Namen und Ihre Kontaktdaten an, damit die Praxis oder Klinik Sie im Fall einer Unterbrechung des Gesprächs zurückrufen kann.

Angaben zum Tier

Name

- Dient dem Ausschluss von Verwechslungen, insbesondere, wenn mehrere Tiere im gleichen Haushalt leben.

Tierart

- Die Empfindlichkeit gegenüber Giften ist teilweise tierartspezifisch.

Rasse

- Die Empfindlichkeit gegenüber Giften ist teilweise rassespezifisch.

Alter

- Die Empfindlichkeit kann durch das Alter beeinflusst werden.

Geschlecht

- Das Geschlecht beeinflusst manche physiologischen Prozesse. Bei Trächtigkeit und Laktation können Folgen für die Früchte oder die saugenden Welpen drohen.

Körpergewicht

- Je genauer das Körpergewicht angegeben werden kann, umso besser. Daraus kann unter Umständen auf das Ausmaß der Vergiftung geschlossen werden. Das Körpergewicht ist auch für die Dosierung eines Antidots und bei den meisten therapeutischen Maßnahmen unerlässlich.

Bestehende Krankheiten

- Vergiftungen können durch bestehende Krankheiten beeinflusst werden und Medikamentenspiegel im Körper können sich auf die Intoxikation oder auf die therapeutischen Maßnahmen auswirken.

Angaben zum Gift

Name

- Ist die Vergiftungsquelle bekannt, sollte der Name des Giftes exakt erfasst und möglichst keine Markennamen verwendet werden. Das kann zu Verwechslungen führen.

- Die einzelnen Bestandteile sind aufzulisten.

- Ist eine Verpackung vorhanden, sind die Angaben ohne Abkürzungen oder dergleichen zu übernehmen. Die Verpackung sollte zunächst aufbewahrt werden.

- Bei Pflanzen sollte möglichst der lateinische Name verwendet werden, da er eine eindeutige Zuordnung ermöglicht.

Hersteller

- Dient bei Bedarf als Quelle weiterer Informationen.

Konzentration

- Ist zur Berechnung der eventuellen Vergiftungsdosis notwendig.

Rezeptur

- Sind im Präparat weitere Bestandteile, die toxisch wirken können, mit therapeutischen Maßnahmen interagieren können oder insbesondere bei geschädigten Organen ihrerseits toxisch wirken könnten.

Verpackung

- Originalpackungen, Etiketten, Tabletten usw. sollten zunächst verwahrt und zum Termin mitgebracht werden.

Pflanzen/Pilze

- Wie wurden die Pflanzen/Pilze aufgenommen, welche Teile, in welcher Zubereitung, in welcher Konzentration?

Angaben zur Intoxikation

- Angaben zum Verlauf der möglichen Intoxikation können den Verdacht einer Intoxikation erhärten oder zu deren Ausschluss bei Krankheitssymptomen beitragen (Differenzialdiagnose).

Allgemeine Angaben

- Welche potenziell giftigen Substanzen sind im Haushalt oder im Garten vorhanden? Werden derzeit Medikamente beim Tier oder bei im Haushalt lebenden Menschen oder anderen Tieren verwendet und kann das Tier Zugang gehabt haben?

- Wurden sonstige Behandlungen beim Tier durchgeführt (Baden o. Ä.)?
- War das Tier unbeaufsichtigt außerhalb des Grundstückes?
- Hatte das Tier Zugang zum Müll?
- Knabbert das Tier gern an Pflanzen?
- Wurden in der Umgebung Pflanzengifte (Herbizide) oder Insektengifte (Insektizide) versprüht?
- Gibt es weitere Tiere mit Krankheitssymptomen im Umfeld?

Spezielle Angaben

- Wann hat die Vergiftung stattgefunden? Wieviel Zeit ist seither vergangen? Davon werden die anstehenden tiermedizinischen Maßnahmen beeinflusst.
- Ist es versehentlich oder gezielt zur Vergiftung gekommen?
- Sind die Anzeichen einer Vergiftung im Zusammenhang mit einer Therapie eingetreten? Handelt es sich um unerwartete Nebenwirkungen?
- Auf welchem Weg sind die Gifte in den Körper gelangt (Lecken, Fressen, Einatmen, über die Haut)? Kann es sein, dass bei Giften, die über die Haut wirken, das Tier durch die eigene Körperpflege die Toxine auch in die Maulhöhle und in den Magen-Darm-Trakt aufgenommen hat?
- Mit welcher möglicherweise aufgenommenen Giftmenge ist maximal zu rechnen? Dabei sind auch Angaben zur Menge eventuell verschütteter Substanzen bzw. sonst fehlender Stoffmengen hilfreich.

Intoxikation

- Welche Symptome zeigt das Tier? Wieviel Zeit ist zwischen der Aufnahme des Giftes und den ersten Anzeichen einer Intoxikation vergangen?

- Wie heftig sind die Symptome? Nimmt deren Intensität zu oder scheinen die Symptome bereits abzuklingen?

Diagnostische und therapeutische Maßnahmen

- Was wurde bisher unternommen (vom Besitzer, einem anderen Tierarzt)?

- Traten im bisherigen Verlauf Besonderheiten zu Tage? Wurden verdächtige Substanzen (Tabletten, Pflanzenteile u. a.) erbrochen?

Vergiftungen und Krankheiten unterliegen zeitabhängigen Veränderungen, sodass einmal erhobene Daten sich ändern können und teilweise aktualisiert werden müssen.
Eine sorgfältige Dokumentation ist bei Vergiftungsfällen besonders wichtig. Nur so können Schlussfolgerungen für die Zukunft im Hinblick auf die Herstellung, Verpackung, Warnhinweise, Anwendungsempfehlungen u. dgl. gezogen werden.

Quelle

Claus M A. BSAVA/VPIS Guide to Common Canine and Feline Poisons. 2013.

Teil 4

Anhang

4.1 Quellen

- Allkämper S. Häufigkeit, Art und Verlauf von Vergiftungen in tierärztlichen Praxen-eine Sentinelstudie. Dissertation, Tierärztliche Hochschule Hannover, 2019.
- American Society for the Prevention of Cruelty to Animals ASPCA www.aspca.org
- Bundesamt für Verbraucherschutz und Lebensmittelsicherheit www.bvl.bund.de
- Campbell A, Chapman M. Handbook of poisoning in dogs and cats. Hoboken: Wiley; 2008.
- Liebenow H, Liebenow K. Giftpflanzen: Vademekum für Tierärzte, Landwirte und Tierhalter. Jena: Gustav Fischer; 1993.
- Management von Vergiftungen beim Kleintier. CliniTox - Institut für Veterinärpharmakologie und -toxikologie, Zürich www.vetpharm.uzh.ch/clinitox/klt/toxtklt.htm
- Marks S, Overview of Health-Management Interaction: Small Animals. In Merck Manual Veterinary Manual www.merckvetmanual.com/management-and-nutrition/healthmanagement-interaction-small-animals/overview-of-health-management-interaction-small-animals aufgerufen am 13.07.2021.
- O'Malley G, O'Malley R. General Principles of Poisoning. In Merck Manual Professional Version, Apr. 2020. https://www.merckmanuals.com/professional/injuries-poisoning/poisoning/general-principles-of-poisoning?qt=poisoning&alt=sh aufgerufen am 13.07.2021.
- Plants Toxic to Animals. Illinois Library www.guides.library.illinois.edu/plantstoxictoanimals aufgerufen am 13.07.2021
- Vergiftungen bei Heimtieren. Deutscher Tierschutzbund.www.tierschutzbund.de/information/hintergrund/heimtiere/vergiftungen-bei-heimtieren/ aufgerufen am 13.07.2021.
- Veterinary Poisons Information Service – VPIS (UK) www.vpisglobal.com/ aufgerufen am 13.07.2021.
- www.msd-tiergesundheit.de

4.1.1 Bildnachweis

S. 16, rizio-stock.adobe.com; S. 26, Sonja-stock.adobe.com; S. 49, sommart-stock.adobe.com; S. 60, iStock.com/humonia; S. 64, malkovkosta-stock.adobe.com; S. 66, WF Seydlbast-stock.adobe.com; S. 72, Bits and Splits-stock.adobe.com; S. 77, PhotoSG-stock.adobe.com; S. 78, Rob Stark-stock.adobe.com; S. 84, Pascale Gueret-stock.adobe.com; S. 88, Andrea-stock.adobe.com; S. 92, DoraZett-stock.adobe.com; S. 97, Михаил Решетников-stock.adobe.com (Michail Reschetnikov); S. 105, jazavac-stock.adobe.com; S. 114, Andie Alpion-stock.adobe.com; S. 118, Roger-stock.adobe.com; S. 123, Gina Sanders-stock.adobe.com; S. 129, Carmen Hauser-stock.adobe.com; S. 131, andrifoto-stock.adobe.com; S. 134, maxandrew-stock.adobe.com; S. 136, Patrik Stedrak-stock.adobe.com; S. 139, Golden_hind-stock.adobe.com; S. 142, Xaver Klaussner-stock.adobe.com; S. 145, zbg2-stock.adobe.com; S. 147 o. li., Arpad-stock.adobe.com; o. mi., Natalia-stock.adobe.com; o. re., JRG-stock.adobe.com; u. li., kbel-stock.adobe.com; u. mi., katharinarau-stock.adobe.com; u. re., Volodymyr-stock.adobe.com; S. 149, helmutvogler-stock.adobe.com; S. 153, magann-stock.adobe.com; S. 157, Hans Arnold Eberlein-stock.adobe.com; S. 160, Peter-stock.adobe.com; S. 161, XULAN-stock.adobe.com; S. 162, Cora Müller-stock.adobe.com; S. 163, Elena Odareeva-stock.adobe.com; S. 168, Marc stock.adobe.com; S. 171, Frank-Peter Funke-stock.adobe.com; S. 173 oben, pixs:sell-stock.adobe.com; unten, Andrea Izzotti-stock.adobe.com; S. 176, Stephan Dinges-stock.adobe.com; S. 178, Robin J. Gentry-stock.adobe.com; S. 186, bennytrapp-stock.adobe.com, S. 202, privat

Cover: o. li., PhotoSG-stock.adobe.com; o. mi., Cosmin Dorobantu; o. re., bennytrapp-stock.adobe.com; u. li., Ali Hassan; u. mi., Dimitri Bayer; u. re., iStock.com/Carmen Hauser

4.1

4.2 Über die Autoren

Dr. med. vet. Gisa Löwe, Fachtierärztin für Kleintiere, ist Gründerin der Tierärztlichen Klinik für Kleintiere in Berlin, die sie bis 2019 führte. Nach der Übergabe der Klinikleitung an Herrn Tierarzt Olof Löwe, der bereits seit 2002 dort als Chirurg und seit 2007 als Cheftierarzt für Chirurgie und Orthopädie tätig ist, konzentriert sie sich vorrangig auf die Weiterbildung des Mitarbeiterteams, das derzeit aus insgesamt 30 Tierärzten, tiermedizinischen Fachangestellten und Praktikanten aus dem In- und Ausland besteht.

Anschrift der Autoren

Tierärztliche Klinik für Kleintiere
Dr. G. Löwe und O. Löwe
Märkische Allee 258 | 12679 Berlin
loewe@tierklinik-in-berlin.de

4.3 Index der Giftquellen und giftigen Substanzen*

* lateinische Gattungsnamen von Pflanzen in Kursivschrift

E

F

G

H

I

J

K

L

M

4.3

W

X

Z

Weitere Bücher, die Sie interessieren könnten:

Gisa & Olof Löwe

Notfälle bei Hund und Katze

Ein tierärztlicher Ratgeber

Festeinband mit innenliegender Spiralbindung, 192 Seiten, farbig
ISBN 978-3-95464-254-0
Preis: 19,95 EUR

Im Notfall sind Hund und Katze darauf angewiesen, dass Sie die Situation einschätzen können: Die richtigen Entscheidungen können lebensrettend sein. Aber auch in weniger dramatischen Situationen ist es hilfreich zu wissen, welche Maßnahmen helfen können, was man auf keinen Fall tun sollte, ob ein Tierarztbesuch nötig ist und wie eilig dieser ist.
Dieses Buch unterstützt Sie dabei, sich vorzubereiten und im Ernstfall schnell nachschlagen zu können.
Im ersten Teil finden Sie übersichtliche Checklisten zu den Daten, die Sie vorsorglich zur Hand haben sollten, die Normwerte zu Körperfunktionen bei Hunden und Katzen, was für einen Anruf bei Ihrem Tierarzt wichtig ist, Maßnahmen zur Wiederbelebung, Hinweise für den Transport Ihres Tieres bei einem Notfall sowie die Haustierapotheke. Der Hauptteil beschreibt in alphabetischer Reihenfolge jederzeit mögliche Notfälle mit den Ursachen, Symptomen, Erster Hilfe und weiteren Maßnahmen.